本书受浙江大学平衡建筑研究中心项目
"石窟寺与古建筑数字化核心技术研究"（K横20203383C）资助。

# 太平无相

## 侍王府如是说

赵威 刁常宇 著

ZHEJIANG UNIVERSITY PRESS
浙江大学出版社
·杭州·

**图书在版编目（CIP）数据**

太平无相 ：侍王府如是说 / 赵威，刁常宇著. --
杭州 ：浙江大学出版社，2025.1
ISBN 978-7-308-24237-0

Ⅰ．①太… Ⅱ．①赵… ②刁… Ⅲ．①古建筑－文物
保护－研究－金华 Ⅳ．①TU-87

中国国家版本馆CIP数据核字(2023)第178472号

**太平无相：侍王府如是说**

赵　威　刁常宇　著

| | |
|---|---|
| **责任编辑** | 陈思佳（chensijia_ruc@163.com） |
| **责任校对** | 黄梦瑶 |
| **美术编辑** | 周　灵 |
| **出版发行** | 浙江大学出版社 |
| | （杭州市天目山路148号　邮政编码310007） |
| | （网址：http://www.zjupress.com） |
| **排　　版** | 杭州林智广告有限公司 |
| **印　　刷** | 杭州捷派印务有限公司 |
| **开　　本** | 710mm×1000mm　1/16 |
| **印　　张** | 12.75 |
| **字　　数** | 168千 |
| **版 印 次** | 2025年1月第1版　2025年1月第1次印刷 |
| **书　　号** | ISBN 978-7-308-24237-0 |
| **定　　价** | 88.00元 |

# 目　录

第一章

王邸问源：王府的由来

## 第一节　从"王"字说起

　　"王"可谓是中国汉字文化中历史最为悠久的文字之一了，在出土的距今约3500年前的甲骨文中，就出现了"王"字（见图1-1）。

　　《说文解字》这样解释"王"："天下所归往也。董仲舒曰：'古之造文者，三画而连其中谓之王。三者，天、地、人也，而参通之者，王也。'孔子曰：'一贯三为王。'"[1]这段话的意思就是说，王是天下归趋向往的对象。西汉的儒学集大成者董仲舒曾言："古代创造文字，三横而又用竖线连接其中，即'王'字。三横，代表天道、地道、人道，而能同时通达它的，就是王。"孔子说："用一贯三就是王。"

　　从文化意义上来说，"王"作为一个文字或声音符号，象征着一种人与人之间的统治关系，自人类社会步入不平等阶段以来，王就应该出现了。因此，关于王的认识和文化在近代社会以前的世界上无疑是一种普遍的存在，例如中国古代的商纣王、周文王和江浙地区的吴王、越王，他们都是某一人群的统治者。

---

[1]　殷寄明.《说文解字》精读[M].上海：复旦大学出版社，2007:20.

图 1-1　甲骨文中的"王"字

中国古代社会是一个等级森严的社会。在西周时期，"王"是最高级别的称号。周天子率领的诸侯，分为公、侯、伯、子、男五个等级的爵位，按等级称呼，如晋文公和郑庄公，或通称诸侯，而只有周天子才可以称王，如周文王。楚国、吴国和越国由于位于华夏中原文明的边缘，其首领往往不严格遵循周朝的爵位制度而自称为王，不过这些国家，中原诸侯都把它们当作蛮夷加以排斥。因此，虽然楚、吴、越这些国家在春秋时就开始称王，但它们对社会的影响不大。有趣的是，楚国第六任国君熊渠曾经在周夷王时封子为王，又在周厉王（西周时期著名的暴君）时期取消其王号，原因是厉王凶暴，楚国害怕天子前来攻打。

战国时期，魏惠王为了和齐国建立联盟以共同抵御强秦，和齐威王在徐州会盟，尊称齐威王为王，齐威王不敢独自称王，于是也承认魏的王位，史称徐州相王。"徐州相王"事件标志着周朝天子权威的彻底消失，各国纷纷称王。这之后，战国中后期的君主的谥号都以"王"结尾，而之前的谥号都是以"公"或"侯"结尾，如齐桓公、晋文公、魏文侯、韩昭侯、秦孝公等。

## 徐州相王

公元前 342 年，魏国进攻韩国，韩国求救于齐国。齐国以田忌、田婴为将，孙膑为军师，重复围魏救赵故事，在马陵（今山东郯城）再次重创魏军，魏国精锐尽失，秦国乘机向魏国发动进攻，占领了具有重要战略意义的河西之地。魏国迭遭惨败，元气丧尽，面对咄咄逼人的秦国，不得不对中原各国转取友好政策。山东诸国惧怕强秦东来，接受了魏国的善意。

公元前 334 年（魏惠王三十七年），魏惠王偕韩国和一些小国的君主到徐州（今山东滕州东南）朝见齐威王，尊齐威王为王，齐威王不敢独自称王，于是也承认魏国的王号，史称徐州相王。楚国自楚武王以来作为诸侯国里唯一称王者的地位丧失，楚威王对此愤怒不已，"寝不寐，食不饱"。这一事件也标志着周王权威的彻底消失。

到秦朝建立之前，"王"已经从至高无上的周天子称号变成了大小诸侯都可以使用的称号。秦始皇为了宣示自己的至高无上，废除了周朝的等级制度，从中国古代传说中的三皇五帝中选用"皇帝"二字作为自己的称号。自此，"王"在中国历代等级制度中的重要性被"皇帝"逐渐取代。西汉的汉高祖刘邦又与大臣们杀白马订立盟誓，确保只有皇室成员才可为王，即"非刘氏而王者，天下共击之"，因而后世的皇帝常常将皇帝以外的其他地位较高的皇室男性成员封为王。通常来说，也只有皇室成员才有可能称王。异姓封王，要么是死后追封，如明代中山王徐达；要么就是权臣准备篡位的信号，如曹魏司马昭封晋王。王作为中国古代等级最高的贵族，常常是一人之下而万人之上，因此王府就是中国古代社会等级最高的贵族府邸。中国古代的王府是中国历史文化的重要组成部分，是中国传统文化的重要载体。王府是中国古代封建王公贵族的居所，也是他们处理政务、接待宾客、举行婚丧嫁娶等活动的场所，并且在地方城市中，这些王府在城中的地位如同紫禁城于北京城一般，对我国传统城市布局发展产生了较大影响。王府建筑风格独特，具有浓郁的中国传统文化特色，是中国古代建筑艺术的杰出代表之一。但出于历史更迭等原因，历朝各代的王府大多毁于战火，且王府建筑在之后常被改造成为各种行政衙署、学校。因此，如今全国范围内尚存的王府大多为明清时期的遗留，而即使是最晚的清朝年间的王府，虽然仍然留存有十几座之多，但是与昔日清王朝鼎盛时期50多座的数量相比也已经少去一多半。

明代大举分封宗室，亲王地位高于人臣。明代王府就是明代分封的皇帝诸子的亲王府邸，这些王府分布在我国近40个重镇名邑中。明代共计有85位皇帝的儿子被封王，诸亲王府中有些沿用旧有王府，有些是由其他建筑群改建而来，真正新建的明代王府共计40座左右，典籍中称明代王府所在地为国，称王府的砖石城墙为宫城。内为宫殿，外置宗庙社坛，王府规划设计以明代皇宫为摹本，是明代紫禁城的缩影，是对我国传统城市发展影响最大的一代藩王府第。它们分布在我国西安、太原、开封、武汉、长沙、成都、桂林、大同、兰州、南昌、洛阳、昆明、济南等重要城市，这些城市在我国首批24个历史文化名城中占10个（约占42%）。[1]现存最为古老的明代王府是位于广西桂林独秀峰脚下的靖江王府（见图1-2），靖江王府由王城和王府两部分组成，是明朝分封在靖江（今桂林）的历代靖江王的居所，占地面积21.4公顷。靖江王府始建于明洪武五年（1372年），是明太祖朱元璋分封侄孙朱守谦为靖江王时修造的王城。目前，地面尚存有宫城城墙、承运门台基以及明代宗藩在独秀峰留下的石刻题跋等明代遗物，靖江王府中的独秀峰岩

[1]　林哲. 明代王府形制与桂林靖江王府研究 [D]. 广州：华南理工大学，2005.

图 1-2　靖江王府

壁上，还保留了唐代至民国时期的各类石刻百余件。靖江王府不仅风景秀丽，独秀城中，更具有非常珍贵的历史文化价值。靖江王府作为目前保存最为完整的明代王府遗址，对于了解明代藩王宫室制度、研究明代地方城市格局，都具有重要的学术价值。[1]

　　清代的王与明代的王有所不同，简而言之，明代的王都是藩王，也就是说这些藩王被分封在各地，平时都需要驻守在封地，明代的王前往封地驻守就是所谓的就藩，因此明代的王府都分布在全国各地，从而对全国范围内的城市布局和景观产生影响。而清代的王仅有封号而无封地，所封的王都不需要到封地就藩，因此现存清代的王府大多在北京（太平天国的王府除外）。清代的王府建筑，由于经受岁月的洗礼，有的已经不那么完整了，但它们毕竟

[1]　蔡宇琨 . 桂林靖江王府研究及其保护初探 [D]. 北京：北京大学，2008.

图1-3　恭亲王府的西洋式石拱门

是历史及文化的重要组成部分，是历史的直接见证，人们依然可以感受到它们昔日的风采。现存的清代王府主要有以下这些：恭亲王府、醇亲王府、怡亲王府、雍亲王府、和亲王府、敬谨亲王府、惠亲王府、礼亲王府、定亲王府、郑亲王府、克勤郡王府，等等。在这些现存的王府中，以恭亲王府最值得注目，不仅因为这一王府保存的完整性，更因为它的更替演变正好处在清朝关键的历史转折时期。恭亲王府坐落在北京的前海西街，之所以叫恭亲王府，是因为道光皇帝的第六子奕䜣在1850年被封为恭亲王，其府邸便成为恭亲王府。这座府邸最初其实是属于乾隆时期的著名大臣和珅的，这也可以看出中国古代的王府在历史上的功能和角色不是单一的，而是常常随着历史的发展而变化。这座王府分为中路、东路、西路建筑，其中有嘉乐堂、锡晋斋、葆光室等殿堂，此外还有后花园（萃锦园），正门为西洋式石拱门（见图1-3），颇具风情，从中我们可以感受到这座王府中西融合的历史特色。

## 第二节　从金田起义到太平天国

太平天国运动是清朝咸丰元年（1851 年）到同治三年（1864 年）间，由洪秀全、杨秀清、萧朝贵、冯云山、韦昌辉、石达开等组成的领导集团从广西金田村率先发起的反对清朝封建统治和外国资本主义侵略的农民起义战争，是 19 世纪中叶中国最大的一场大规模反清运动。鸦片战争后，清朝社会矛盾空前激化，农民起义风起云涌。广东花县人洪秀全在多次科举考试落第后极端失望，吸收了在广州得到的基督教布道书的一些思想，提出了"拜上帝"的主张。他的同乡冯云山到广西紫荆山号召民众加入拜上帝会，团结了许多穷苦农民。1851 年 1 月 11 日，洪秀全与杨秀清等在广西桂平金田村发动起义（见图 1-4），建号太平天国。

不久，洪秀全称天王。太平军一路北上，出广西、经湖南，占领湖北省城武昌。1853 年，太平军沿长江东下，经九江、安庆，占领南京，改南京为天京，定都于此。此后，太平军北伐、西征，占领湖北、江西、安徽的许多地方，军事上达到鼎盛，但领导集团日渐腐败。1856 年，太平天国领导集团发生内讧，杨秀清、韦昌辉被杀。次年，石达开出走，太平天国在政治、军

图1-4　油画作品《金田起义》

事上开始衰落。之后，洪仁玕、陈玉成、李秀成进入最高领导层，太平军先后取得浦口、三河大捷，但在安庆战役中败于曾国藩统率的湘军。1864年，在湘军、淮军和外国人带领的洋枪队进攻下，太平军节节败退，天京等地被攻破，太平天国运动失败。

　　太平天国前期曾颁布《天朝田亩制度》，提出了"有田同耕，有饭同食，有衣同穿，有钱同使"的主张，否定了封建地主土地所有制，反映了农民追求社会财富平均的理想；后期曾颁布《资政新篇》，提出了新的社会经济政策，试图回答农民革命应当向何处去的问题。但在当时的历史条件下，这两个文件都未能实施。但是与此同时，处于近代中国新旧交替时期的太平天国运动也体现了农民起义的特点，是中国农民战争的高峰。

太平天国运动规模之大、影响范围之广、时间之久都是清朝历史上前所未有的，因此它也为我们留下了丰富的文化遗产。例如，太平天国运动遗留下来的王府在中国古代的王府中，不论是功能、布局还是建筑风格，均独树一帜。这些王府年代较为晚近，因此保存较为完好，对于我们了解古代王府建筑文化、营造规格和古代城市规划都具有不可替代的作用。太平天国的官制并不是全新的，而是取自《周礼》。《春秋》中曾尊称周天子为"天王"，南北朝时期的帝王也曾经用此称号。[1]

1851 年 1 月 11 日，洪秀全等在广西桂平县金田村正式起义，建号太平天国。同年 3 月，洪秀全在武宣县东乡登天王位，并封五军主将：以杨秀清为左辅正军师，领中军主将；以萧朝贵为右弼又正军师，领前军主将；以冯云山为前导副军师，领后军主将；以韦昌辉为后护又副军师，领右军主将；以石达开为左军主将。1851 年 9 月 25 日，太平军攻克永安州。12 月 17 日，洪秀全在永安开始封王建制，晋封五军主将为五王：封左辅正军师杨秀清为东王、右弼又正军师萧朝贵为西王、前导副军师冯云山为南王、后护又副军师韦昌辉为北王、左军主将石达开为翼王。天王为太平天国最高领导，其他"所封各王，俱受东王节制"。太平天国前期最为壮观的王府就是建都天京（今南京）之后兴建的天王府和东王府。天王府是在清朝的两江总督署的基础上兴建的，东王府则由旱西门黄泥岗山东盐运使何其兴的住宅改建而成。事实上，由于早期东王身任军师的特殊地位，东王府实际上成为太平天国前期处理政务、指挥军事的中心。北王府、翼王府、西王府、南王府及后建的燕王府、豫王府也基本上以原有的官府富室之宅为基础，经改建、扩建或稍加修饰而成。这一时期可谓是太平天国王府的成型期。王府建筑有了一定的形制式样。门前

---

[1] 姚颖.太平天国王府制式探析 [D].泉州：华侨大学，2006.

图 1-5　南京总统府

设照壁、望楼，大门两侧为东、西辕门，后为殿堂、内室、园囿，多至数百间，少亦百余间，主体建筑贯穿在一条中轴线上，基本上讲求东西对称。

太平天国天朝宫殿，俗称天王府，位于南京市区长江路东段，即今长江路 292 号建筑群及其附近地区，即总统府景区（见图 1-5），为太平天国最高政权机构所在地，也是天王洪秀全在天京 11 年居住之处。1988 年，国务院将太平天国天王府遗址列为全国重点文物保护单位。这里是南京重要的历史遗迹之一。南京最早出现较大的建筑群，当为 600 多年前即明代初年。明朝开国皇帝朱元璋的养子西平侯沐英死后被追封为黔宁王，其王府即建在这里。永乐二年（1404 年）朱棣的次子朱高煦为汉王，这里成为汉王府。降及清代，这里一直是清王朝统治江南地区最高官员两江总督署所在地。1853 年 3 月 19 日，太平天国农民起义大军攻占江宁（今南京）后，定都于此，并易名天京，天王洪秀全于 29 日乘轿自水西门荣进"小天堂"（即天京）。至 4 月，两江总督署经修葺后成为天朝最高精神和权力的中心——天朝宫殿，洪秀全迁入。此后，太平天国仍然在两江总督署内及周边地区大兴土木，继续扩建天朝宫殿。

天朝宫殿一般称为天王府，因太平天国天王与其他封王的关系有别于封建社会君臣关系，天王府亦不同于历代皇宫宫殿的建筑规制，与其他王府并无森严的等级差别。

除此以外，在太平天国定都天京之前，在太平天国封王建制的地方——永安、首个攻克的省城——武昌，都曾留下天王府的遗迹。1856年9月，太平天国发生了天京事变，它既是太平天国由盛趋衰的一个转折点，也是划分太平天国前后期的一个分水岭。在这次事变中，东王杨秀清、北王韦昌辉、燕王秦日纲相继死于内讧，不久，翼王石达开也从天京出走。至此，太平天国前期各王府随着各王或死或走，或者在内讧中变为焦土，或者名存实亡。整个天京城内只留下了天王府等少数几座王府。

天京事变后，太平天国的封王制度经历了从任人唯亲到任人唯贤的转变。经历过天京事变，天王洪秀全面前亟待完成的任务是：稳定人心，重建新的指挥中枢，以打退清军的进攻，力挽危局。但他没有从积极方面吸取事变的教训，而是从消极方面看待与认识这次事变。由于他"被东、北、翼三王弄怕，故未肯信外臣，专信同姓之重"，因而封自己平庸无能的兄长洪仁发为安王、洪仁达为福王，对朝廷上共同推举翼王石达开主持朝政存在不满，"有不乐之心"。针对天京内讧后洪秀全的任人唯亲导致朝纲紊乱的弊政，李秀成在石达开出走后不久，向天王提出了改革的建议。他要求"天王择才而用"，仍然重用翼王。1857年7月，因朝廷中的诸将不服，天王只好将自己哥哥洪仁发、洪仁达的王爵削去，改称天安、天福的爵位。大约在这时，洪秀全决定今后"永不封王"，集天国军政大权于自己一身。

1858年，迫于形势的需要，天王不得不提拔一批年轻将领到领导岗位上来，重新建立了太平天国起义前期的五军主将制度，他封陈玉成为前军主将、李秀成为后军主将、李世贤为左军主将、韦志俊为右军主将、蒙得恩为中军主将兼正掌率，之后，侍王李世贤逐渐崭露头角。1859 年 4 月，洪秀全的族弟洪仁玕从香港来到天京。天王对他的到来十分高兴。他打破"永不封王"的决定，在不到 1 个月的时间里，就封他为"开朝精忠军师顶天扶朝纲干王"，并赐建干王府。洪仁玕初来乍到，未立寸土之功就被封王，引起了朝野上下的强烈不满。在军事上，洪秀全还需要依靠陈玉成、李秀成等人保国，因此，为平息诸臣的不满，他于同年不得不封陈玉成为英王、李秀成为忠王、蒙得恩为赞王。至此，太平天国中的贤能者可以为王。

1860 年，二破江南大营后，天王又封李世贤为侍王、杨辅清为辅王、林绍璋为章王，同时封长兄洪仁发为信王、次兄洪仁达为勇王；已故的杨秀清、萧朝贵、冯云山、胡以晃的后代也被分别封为幼东王、幼西王、幼南王、幼豫王。据 1861 年 2 月随英国侵略者何伯的远征舰队到天京调查的米嘉所估计，1862 年，太平天国还只封有十王或十一王[1]；又据巴夏礼说为十六王，即干王洪仁玕、翼王石达开、英王陈玉成、忠王李秀成、赞王蒙得恩、侍王李世贤、辅王杨辅清、章王林绍璋、沃王张乐行、顾王吴如孝、信王洪仁发、勇王洪仁达及幼东王、幼西王、幼南王、幼豫王。

1861 年 9 月，安庆失守以后，情况发生了变化。洪秀全为加强中央集权，采取了一种与汉朝贾谊的"众建诸侯而少其力"相同的政策，把各王部下的大将都封为王，以削弱各王的权力，如分别封陈玉成部下赖文光、陈得才、梁成富、蓝成春、陈仕荣、林大居、秦日南等为遵王、扶王、启王、祜王、导王、敬王、畏王，随即又先后对李秀成、李世贤和杨辅清所部重要将领也尽行加封王爵。至 1863 年春，"已封至九十余王之多"。此后，太平天国的爵赏之滥更达到了登峰造极的地步：无功偷闲之人只要贿赂有司，就能得到保举

---

[1] 姚颖. 太平天国王府制式探析 [D]. 泉州：华侨大学，2006.

而获王爵，"广东跟出来的都封王，本家亲戚也都封王，捐钱粮的也都封王"，至 1864 年 7 月"竟有二千七百多王"。即便据美国学者摩尔斯的估计，也有2300 多人被封王。[1]随着后期封王的增多，天京城内又开始出现新一轮兴建王府的高潮，凡是被授予王位的，没有一个不建王府的，都通过合并原有的数所宅院营造王府，以致天京城内的王府鳞次栉比。太平天国后期王府与前期相比，出现一个新特点，即后期以军事将领起家的各王不但在天京城内建有王府，以安置其眷属、家小，而且在各自属地亦大兴土木，建造王府，如：英王陈玉成在安庆建英王行府，忠王李秀成在苏州建忠王府；侍王李世贤在金华兴建侍王府，来王陆顺德在绍兴建来王殿，听王陈炳文在嘉兴建听王府等。这些王府不但是各王的办公居住处，而且也是各地太平军的政治和军事指挥中心。

太平天国后期诸王所营建的规模不等的王府中，最为规模超群、令人叹为观止的当属李秀成的苏州忠王府。太平军攻下苏州后，即以苏州为中心，建立了苏福省根据地，忠王李秀成出任苏福省首届最高长官。1860 年 8 月，李秀成开始召集工匠，大兴土木，修建苏州忠王府。苏州忠王府是以拙政园为基础，没收东部潘爱轩、西部汪硕甫的宅地而加以改造、扩建的一座规模宏伟的太平天国王府。为兴建忠王府，李秀成动用了数千名的工匠。这些工匠终年不辍，历时 3 年多，直到 1863 年 12 月 4 日苏州失陷时，忠王府的建筑工程仍未完竣。这一规模宏伟、气势恢宏、巍峨壮丽、巧夺天工的建筑群被李鸿章惊叹为"平生所未见之境也"。

苏州陷落后，忠王府落到攻陷苏州的清朝江苏巡抚李鸿章手中。苏州忠王府绝大部分是利用旧有的建筑，加以修缮和改造的宅第园林，同时有一些建筑是从他处移建的，经过精心设计和安排，形成包括官署、住宅、花园三

---

[1] 姚颖 . 太平天国王府制式探析 [D]. 泉州：华侨大学，2006.

图 1-6　太平天国忠王府

个部分在内的，各自独立又互相沟通的统一整体。忠王府的主体部分是官署，雄伟华丽，巍峨庄重，基本于太平天国时期兴建，是太平天国忠王府的精华部分。李鸿章占据忠王府作为江苏巡抚行辕时，为免僭越，拆毁了立于大门两侧的鼓吹亭和东、西两辕门，还将原单檐歇山顶的大门改为卑隘的硬山顶大门，把朱漆描金双龙大门刷为黑漆大门，大门梁枋上灿烂夺目的彩绘被涂刷殆尽，特别是彩绘龙饰的一方不存，檐柱的盘龙也被铲除。但是，忠王府被毁坏的是外部面貌，而不是内部结构；被毁坏的是建筑物上一部分的艺术装饰，而不是建筑物本身。忠王府的主体建筑基本上没有改变（见图 1-6 ）。

　　在讨论太平天国王府营造时，必须提及的是当时的诸匠营和百工衙制度。太平天国将手工业工人按其行业与技能分别编入诸匠营和百工衙，设立典官组织以管理生产。诸匠营"集中在天京"，而百工衙除设在天京以外，还在军队中设立，专理一军军需工业。集中在天京的诸匠营，至今可考的共有 7 种：

肩负挖地道攻城工作的土营、肩负建筑工作的木营、肩负打造金银器皿工作的金匠营、肩负织缎工作的织营、肩负制造靴鞋工作的金靴营、肩负刺绣绘画工作的绣锦营以及肩负镌刻诏旨、书籍和印玺工作的镌刻营。设立在天京的百工衙，据记载，可考的有 39 种典官衙，就其性质可归纳为九大类：军事、食品、服饰、建筑、交通、日用品、印玺器饰货币、印刷、美工。诸匠营、百工衙对太平天国军事供应和社会经济生活都做出了重要贡献。向来在中国封建社会里被轻视的从事各种手工业的工匠到了太平天国时代，受到了国家的尊重，经过国家的组织，在集体生产的情况下，使他们发挥了积极性与创造性，从而创造出优良的成绩。我们从现存的太平天国印玺、钱币、书籍、建筑、雕刻，尤其是壁画、彩画来看，可以肯定地说，太平天国各种手工业生产，不仅如同敌人情报汇编所论"咄嗟立办""无不如意"，而且在质量上还有一定的优良成就。太平天国王府营造的诸匠营和百工衙制度使营造活动军事化，提高了工程组织和施工管理的效率，也便于推广某一式样。太平天国并未制定过王府营造的法式，却能在短短的 10 余年中形成一套制式，应当与这一制度所具有的统一作用有关。

# 第三节　李世贤与侍王府

　　1856年，天京事变之后，太平军元气大伤，人才凋零，到了"朝堂无相佐，战地无将伐"的境地。1858年，迫于形势需要，天王不得不提拔了一批年轻将领到领导岗位上来，重新建立了太平天国起义前期的五军主将制度，他封陈玉成为前军主将、李秀成为后军主将、李世贤为左军主将、韦志俊为右军主将、蒙得恩为中军主将兼正掌率，之后，侍王李世贤逐渐崭露头角。

　　李世贤，广西藤县新旺村人，太平天国忠王李秀成的堂弟，生于清道光十四年（1834年）。1851年加入太平军，参加了金田起义。天京事变后，朝臣议举大将，以李世贤"少勇刚强"，选拔其与陈玉成、李秀成等分路带军队。1858年春，天京被围急，时清军势盛，李世贤镇守安徽芜湖，力敌江南大营，保卫天京粮运，协同江北军队作战。这年秋，太平天国设前、后、左、右、中五军主将，任李世贤为左军主将。11月，李世贤在安徽宁国郡湾沚镇，大破清朝浙江提督督办宁国军务邓绍良军，斩邓绍良。太平天国己未九年（1859年）秋，天王论世贤功，封其为侍王雄千岁，爵称"天朝九门御林军忠正京卫军侍王"。

太平天国辛酉十一年（1861 年），李秀成中止进军武汉，由湖北退入江西，倾尽全力下取浙江，与侍王李世贤率太平军大举入浙，这是太平军回师浙江的一次重要作战。这次战役中，太平军分五路向浙江全面进军：第一路由侍王李世贤统率，攻克金华，进占温州、处州（今丽水）；第二路进军目标是夺取宁波等地，由侍王李世贤部将黄呈忠等率领；第三路由李秀成部将陆顺德等率领，进攻绍兴等地；第四路由李秀成亲统大军，夺取省城杭州；第五路的目标是夺取湖州，由李秀成部将谭绍光统率。在占领常山、江山、开化后，太平军兵锋直指军事重镇金华府。金华地处浙江中部，依山傍水，地势险要，物产丰富，交通发达，是沟通闽、浙、赣、皖的交通枢纽，又居于钱塘江上游，素为兵家必争之地。当时金华由知府王桐率兵防守。李世贤采取南北牵制、西面突破的作战部署，以徐朗部居北，黄呈忠、范汝增、练业坤部居南牵制清军，配合李世贤主力自西面进攻。5 月 25 日，太平军越过衢州，直扑金华。王桐急忙奔至兰溪，向提督张玉良求援。张玉良先遣参将刘惇元领兵五百增援金华，以加强通济桥防线。28 日，张玉良亲率百余骑兵驰抵金华，建议拆毁通济桥，为金华士绅所拒绝，于是愤而折返。李世贤见清军已无援兵，立即遣部将刘政宏带精兵两千，强攻通济桥。经反复争夺，通济桥防线为太平军突破。李世贤速率后续队伍攻城，王桐出逃，太平军进占金华。侍王李世贤在金华兴造了王府，以此为指挥中心，统帅太平军，南攻处州（今丽水）、温州，东下宁波、台州，西攻衢州，北上严州、绍兴，兵锋所及，势如破竹，仅半年多时间就几乎攻克整个浙江。

李世贤将金华府试士院改建为侍王府，在金华召集工匠大加修建，并在明千户所旧址建屋数间，拓为西院。此后，金华遂成为太平军向浙江全面进军的重要据点，侍王府成为太平军在浙江中部和东部的指挥中枢。金华为浙中军事重镇，侍王李世贤部在此驻守，建立了以严州（今杭州境内）、处州

（今丽水）为左右两翼，以龙游、汤溪、兰溪为依托的浙西防线，顺应了天王洪秀全把江浙变成天京的东南屏障和物资供应基地以巩固政权的战略部署。至此，浙江地区的局势略定，除去衢州、温州两郡城，以及定海、石浦、龙泉、泰顺几个地方，李秀成与李世贤基本控制了浙江。但是与此同时，左宗棠的湘军于 1860 年 10 月开赴江西，扼守景德镇，和太平军辗转斡旋了 1 年又 3 个月，在 1862 年 2 月由皖赣边境进入浙江，拉开了进攻浙江的序幕。

从双方军事态势考察，虽然当时整个浙江战场的太平军处于清军战略包围圈内，但从力量上看，太平军的兵力占绝对优势，其人数为清军的七八倍。尽管李世贤部在浙江略具优势，但太平天国领导集团出现了新的分歧，李氏兄弟在浙江的势力发展引起了天王洪秀全的猜忌，战略指挥出现了分裂。李世贤因不愿在告示中写明"天父、天兄、天王"字样，被洪秀全革职。他心情抑郁，虽然企图进取福建，但行动并不坚定有力，也未发起强大攻势。李秀成进攻上海，稍有进展又回师苏州，因此贻误了战机。

左宗棠就任浙江巡抚后，立即改变了闽浙总督庆瑞的边界防堵战略，决定在浙西发动重点战略进攻，左宗棠的湘军充当进攻主力，兵锋直指金华地区。1862 年 8 月后，湘军围攻天京甚紧，洪秀全"飞召李秀成、李世贤合苏、浙贼西援"，解天京之围。于是，李世贤一面与左宗棠在龙游周围展开激烈的争夺，一面不断派兵"复犯遂安、衢州，以挠官军"后路，迫使左宗棠经常回援遂安，双方形成相持战局。但是在 11 月，天京再次告急，李世贤被迫率部将秦日来、陈世坤等主力部队 7 万余人回援天京，金华前线的太平军主力严重削弱，双方均势被打破。最终，兰溪、龙游相继回到清军之手后，李世贤部的黄呈忠不愿再战，率军撤出战场。金华府佐将刘政宏也因势孤力单，继而撤出府城，最终湘军不战而胜夺下了金华，太平天国在金华的历史就此结束。

# 李世贤传[1]

李世贤，广西藤县新旺村人。清道光十四年出生。在广西参加起义。天京事变后，朝臣议举大将，以世贤"少勇刚强"，把他选拔出来，与陈玉成、李秀成等分路统带军队。

太平天国戊午八年春，天京被围急。时清军势盛，世贤镇守安徽芜湖，力敌江南，保卫天京粮运，协同江北军队作战。这年秋，太平天国设前、后、左、右、中五军主将，以世贤任左军主将。十一月，世贤在安徽宁国郡湾沚镇，大破清朝浙江提督督办宁国军务邓绍良军，斩邓绍良。

己未九年秋，天王论世贤功，进封侍王。

庚申十年正月，世贤与李秀成分路袭浙江，攻湖州。三月，与诸路军会师安徽建平。世贤攻溧阳，取句容，从红山进天京，遂覆江南大营，解天京围。

八月，世贤率众出广德，攻徽州，曾国藩要想自己去守徽州，部下劝止，改派谋士李元度去守。世贤督军到，湘军溃走，遂克徽州。世贤向西

---

[1]　罗尔纲. 李世贤传 [J]. 浙江学刊，1984（6）：86-88. 罗尔纲，著名历史学家，太平天国史研究专家，训诂学家，晚清兵志学家，中国社会科学院近代史研究所一级研究员。1930 年毕业于上海中国公学大学部中文系，毕业后随校长胡适学习考据学。1932 年，由辨伪考信而开始研究太平天国史。先后曾在北京大学文科研究所、中央研究院社会研究所从事研究工作，并曾兼任中央大学历史系教授。新中国成立后，任中国科学院经济研究所研究员，1954 年调入中国社会科学院近代史研究所工作，1958 年加入中国共产党。历任第二届、第三届全国人民代表大会代表，第二届、第五届全国政协委员。1997 年 5 月 25 日，在北京去世，享年 96 岁。生前主要从事太平天国史与晚清兵制史的研究，形成了擅长考据的独特学术风格；主持筹建了南京太平天国历史博物馆，开创了综合体的通史新体例，并将唯物辩证法成功应用于考据学从而改革了历史研究方法。一生出版学术专著约 50 部，发表论文 400 余篇，共 900 余万字，搜集、整理、编纂出版太平天国文献和资料 3000 万字。主要论著有《太平天国史纲》、《太平天国史》、《太平天国史论文集》（10 册）、《李秀成自述原稿注》、《湘军兵志》、《绿营兵志》等。

进，下休宁，军锋直逼祁门。祁门是曾国藩老营驻地，湘军大震，曾国藩左右都劝他快跑。而世贤以东南空虚，却舍祁门入浙江。九月，克严州，十月，下临安，克富阳，斩清朝通永镇总兵刘季三，进克余杭，攻杭州，不下，撤围去，复归徽州。十一月，与右军主将刘官芳、定南主将黄文金进攻祁门，包围曾国藩大营。

辛酉十一年二月，世贤奉诏进攻江西以救安庆，从安徽婺源向江西进军，打败襄办曾国藩军务的左宗棠军，克复景德镇。三月，与左宗棠军在乐平大战，世贤战败，将士战死约一万多人，他也把敌人有生力量杀得伤亡惨重，使左宗棠军自乐平战役以后不能再战。

世贤在乐平失利，即转向浙江进军。四月十五日（夏历四月十七日）克龙游县，十六日（夏历四月十八日）克汤溪县，十七日（夏历四月十九日）克金华府城。廿一日（夏历四月廿三日）克兰溪县。浙江各地人民纷起响应，如诸暨何文庆领导的莲蓬党，温州赵起领导的金钱会起义。太平军到处，得到人民群众的热烈欢迎与大力支持。八月，李秀成从江西带兵入浙。拨一部分军队给世贤。世贤依次平定严州、处州、台州、宁波、温州等地。李秀成军也攻克杭州。于是浙江大部分地区都归太平天国版图。

壬戌十二年秋，天王诏世贤带兵回天京，攻打进犯天京的曾国荃湘军。时左宗棠已从广西调到蒋益澧部湘军，配备了新兵力，企图从衢州反攻。世贤留天将李尚扬等镇守金华、兰溪、汤溪、龙游，以拒敌东犯，约定严守五十天当回来。九月，世贤率领部将贺王秦日来、忠侍朝将陈世坤等带五队人马共七万多人去天京，与各路军猛攻曾国荃部湘军营四十多天不下，退屯东坝小丹阳。时左宗棠部湘军已陷严州，围攻龙游、汤溪，部将告急。世贤正在奉命攻金柱关，以通天京粮道，并截曾国荃湘军后路，不得回救。于是汤溪、龙游、兰溪、金华等地相继失陷，绍兴、萧山等地也都撤退，敌人就进犯杭州。

自壬戌十二年冬到癸亥十三年春，世贤从东坝进攻金柱关。敌人依靠优越的水师，水陆联合死拒，大战数月，不克，退军溧水、丹阳。时世贤以溧阳为大营所在地，甲子十四年正月，在张渚镇战败，退归溧阳，不料守将吴人杰据城叛变，世贤退湖州。这时候，苏、浙两省被清朝统治者和外国侵略者抢劫，破坏生产，赤地千里，军饥无食。世贤奉命统率刘肇钧、陆顺德、汪海洋、李恺顺、谭应芝、陈承奇、李容发、陈炳文、朱兴隆各军入江西就粮，预定八月徽、宁、句、溧一带秋稻熟时东返解天京围。

六月，天京陷。七月，幼天王自湖州入江西，谋与世贤合兵，而世贤已先进入广东，围攻南雄州，闻幼天王西来，始回军谋迎护，不及，幼天王遂致被俘。八月二十九日（夏历九月十一日），世贤在福建武平县下坝歼灭清朝福建按察使张运兰军队，生擒张运兰。张运兰是湘军大将，独当一路十多年，为曾国藩的重要爪牙，一战被世贤俘虏，江西清军都丧气。世贤既歼张运兰军，即入武平，永定、龙岩、南靖等州县都望风而下。九月初二日（夏历九月十四日），遂克漳州府，斩清朝漳州镇总兵禄魁。十月，在漳州万松关大败清朝署福建陆路提督福宁镇总兵林文察军队，斩林文察。清朝闽浙总督左宗棠由杭州督军来救，世贤命康王汪海洋守龙岩，来王陆顺德攻安溪，并分军进攻长泰、泉州，断清军饷道以取福州。当时福建各地人民组织的小刀会、千刀会、乌白旗、红白旗等会党闻太平军入闽，都纷纷起义，有的做向导，有的做侦探，有的踊跃接济粮食，有的出任乡官，有的组织游击队，袭击清军的后路。

世贤在漳州，建立了地方政权，颁布各种章程，保护农商，恢复生产。他打算攻取泉州、福州，以争取海口。

乙丑十五年三月，清军围攻漳州。世贤决定转移，命守小溪、漳浦、沼安各军俱到平和会合。四月初一日（夏历四月二十一日），他从漳州府撤往平和。四月初七日（夏历四月二十七日），从平和撤退，被清军追及，因小港纷歧，岭路险窄，人众拥塞，自相践踏及坠崖落水而亡的不计其数。世贤也连马堕于桥下，身受重伤。四月十二日（夏历五月初二日），撤到永定，因溪水迅涨，未能过渡，被敌人截击打散。这夜，世贤带伤策马过河，中流湍急，从者多被溺死，他泅水上岸，割去须发，密藏山中。后来打听到汪海洋驻军广东镇平县，他夜行昼伏，七月初六日（夏历六月二十八日），到达汪海洋军中。汪海洋前曾借故不救漳州（左文襄公奏稿卷十一、卷十三）。又借口杀世贤部将王宗李元茂等以立威，怕世贤治罪，初十夜（夏历七月初三夜），乘世贤熟睡，派人把他刺死，事具汪海洋传。自汪海洋借口杀李元茂等后，那一支作为军中重要兵力的广东三合会队伍即纷纷叛变，到杀害世贤后，人心更离散。太平天国南方大军失却了这位能团结群众的领导者，这年冬，就在广东嘉应州全部覆亡。

李世贤从广西参加起义，这一个出身贫雇农家庭的"少勇刚强"的少年，经过革命战争的锻炼，成为太平天国后期一位著名的统帅，功业彪炳。他驻军漳州时，英国人威里塔斯去访问他，说从他攻克漳州来看，表明他是一个战略家，非常精于战术。他在入武平、南靖等地以前，清军甚至没有听到太平军临近或企图攻城的任何消息；虽然清军人数多出三四倍，但每次与他接仗都告失败。他又很熟悉欧洲的政治，对于一般为当时的中国人完全茫然无知的问题也很精通。但是，世贤不明大体，苏州失守后，他就有"别作他谋"的打算。他奉命统军去江西就粮，预定秋收后回救天京。不料天京于六月失陷，他应该留在江西听候幼天王消息，做好接应的预备，而他竟向广东进军，使护卫幼天王的军队到达江西后失了会师的计划，遂致石城覆师，幼天王被俘，从湖州入江西的军队全部瓦解，他是有大罪的。至于李世贤在漳州时，致函英、法、美公使，许以权利，约与共攻清朝，大背太平天国反侵略根本政策，这也是不明大体的表现。

现有的文献资料显示，侍王李世贤不仅战功赫赫，而且善于治政，在其军队所辖地区，严于军纪，体恤民情。侍王进军浙江，每到一地即张贴告谕，声讨清王朝的滔天罪行，号召人民共同征讨压迫农民的腐朽的清政府。侍王进军浙江后，每攻克一地，就首先把清王朝掌管田赋的官员逮捕，获取完整清楚的粮册，根据粮册多寡，对于富户，强令献出所有的浮财，名叫"打先锋"，违抗命令私藏者，一旦被查出就处以极刑。同时对地主阶级采取一种"特捐"的制度，强迫富户捐献钱财以供军需；将地主"恃强霸种""据为一己之私"的土地分还给农民耕种，烧毁田契债据。例如：义乌的大地主、反动民团头子朱凤毛畏罪潜逃，侥幸留下性命，后来回到家乡，竟至"归来无片瓦，结茅依败墙"的结局；金华傅村的大地主傅小泗，原拥有田地2000余亩[1]，到太平军退出后就破了产，妻子也变成了乞丐。

此外，侍王了解到贫苦农民度日困难，就在侍王府前的鼓楼里设立了一个施粥厂，凡是没有吃的，都可到施粥厂吃粥；没有衣穿的，就从典铺或富户家中拿出来施予。侍王重视恢复、发展农业生产，促进经济繁荣，每攻克一地，便济贫救农，调拨种子，鼓励农民不违农时，及时耕种，还采取严禁屠杀耕牛、促进交易等措施。这从东阳卒长汪文明向太平军的二则禀告中就可

---

[1] 2000亩约合133.33公顷。

以看出。一则禀告说，侍王赴台州路过东阳，了解到人民缺粮生活困难，就令乡官造册到台州领取银两和路凭，到各地采购种子，以发展生产。《东阳县志》也记载说："发票十万贩抚，供给种籽，招垦荒地。"另一则禀告说："前据该管吴梓善……适遇新投兵士蒋水祝、蒋悌在市与卖牛肉人吵闹，细问来由，实系死牛，不得已而卖。"从这则禀告中可以看出，太平军为了保护耕牛，曾规定不准随意宰杀耕牛。侍王1864年攻克福建诏安后，也同样强调保护耕牛，下令说："即令禁宰，放置四关，给民耕农。"

---

### 报告截获侍王李世贤密札[1]

（摘编自王崇武《英国档案馆所藏有关太平天国的史料》）

一八六二年九月二十四日

最近我得到密告，说清军截获到叛军的一封机密信，这是一个叛军将领写给他的部下的，收信人在距叛军将领总司令部五十里[2]远地方。清军在义乌发觉叛军的送信人，就把他逮捕，现在可能将他处死，信件由义乌地方官送来宁波道台处。我想，在目前情况下，能够读到这封信也许有好处，因此我去交涉抄录这封信，经过一些周折，我才抄来。

现在，我把这封信的翻译稿抄一份附寄给你（下文附件是原稿，不是翻译稿），据我看来，这封信很有意义，应该归入我们前后所收有关叛军事件的重要档案里。至于这封信的真实性，我丝毫也不怀疑，因为这封信的来源本身就证明这一点。宁波道台也说，他相信这封信很真确，并认为信上所说的情形可以和当时实际的情况相印证。

只要把这封信阅读一遍，就可以看出它的特点，例如：正确而真实的

---

[1]  袁朝明.太平天国在金华[M].北京：线装书局，2019：347-348.

[2]  50里约合25千米。

感觉、实施的办法、一种职务上的指示口吻和很少发话等。在信里，我们更看到，它只谈论世俗的问题，并没有提及别的什么，没有谈信仰太平天国的纯哲学和伦理学，也没有写宗教的条文。把太平天国的宗教完全撇开。正像在唱完戏后，演员们一起脱去戏装一样。在这封信里谈宗教有什么意思呢，何况谈这种不合时宜的神权和太平天国的滑稽戏还得花这两个彼此了解的叛军党徒许多时间。因此，信上只谈到一些枯燥乏味的事务。它谈到目前太平天国的种种大危机；谈到过去的错误、损失和失败；谈到将来应改变的策略，以便补救这些过失和恢复失地；谈到必须爱护乡下安分的人民；各地方的人，由于父母、妻子、儿女被杀戮、被损害、被侮辱、被践踏，已经表示以后无论如何不能不为生命和名誉而斗争和作战了。在信的末尾，写信人承认了一件事实（一种奇异的，但并不是出人意料或不真实的自白），他说，假如目前的情况继续下去，"将死无葬身之地"。他又告诫他的部属说："此字只可一人知之，不可使众人共知，以扰乱我军心。"

我想你一定高兴读这封信，如果我判断不错，我更相信，你将同意上面所讲的道理能够说明这文件不可否认的可靠性和真实性。还有一件事值得注意，就是叛军将领写给他部下的事情，这带地方和其他地区的许多人都知道。我想，凡是对清政府友好的人，看见信上谈到太平天国的前途的地方，满是抑郁沮丧的语调，当会感觉满意和高兴。

### 附件 侍王李世贤密札

案侍王密札中文抄件在另一卷档案内（F.0.228／296），今录如下：

侍王李世贤字付东邑陈贤侯恩弟知之：上年我军不守徽省，而走入浙江，是第一失着。浙以江西为退步，而常山、玉山不守，是第二失着。今大妖头亲王带满、汉、蒙古兵六十万攻打南京，边疆已十失其九，截断要路，我军不能救援，京师之危可立待。曾妖头带兵四十万防守衢州、严州，无路可进，李妖头带兵四十万防守常山、玉山，又土匪二十万助之，今又分兵一半，把守兰溪要路，与我金府相争，我兵心散，不肯力战，势甚可危。又闻各处土匪四起，嵊邑周某禀单前来，言西者极多土匪，非十万精兵不足以平之。自吾思之，皆因众兄弟杀人放火，势逼使然，非尽关百姓之无良。今闻恩弟治东，土匪不起，绩实可嘉。从今以后，宜加意爱民，使民不以我为仇，倘时势不佳，尚有藏身退步，否则，兵一失机，我与尔等皆死无葬身之地，各处官员亦须以我意晓之。此字只可一人知之，不可使众人共知，以扰乱我军心，觉军即付之火。

七月十二日行。

七月二十六日由义乌公局抄来。

1861 年，太平天国侍王李世贤攻克金华，并以此为太平天国在浙江的指挥中心，统筹全省军务，仅半年的时间就几乎攻占了浙江全省。与此同时，侍王对明朝千户所旧址和清朝试士院进行整修，并新建部分房舍，作为在金华的军事指挥所，改称为太平天国侍王府。侍王府布局系东、西两院纵轴院落组合式。东路为公署，有照壁、大门、大殿、二殿、后堂（耐寒轩）。西路为住宅、花园和练兵场，共四进院落。这些公署建筑、住宅建筑、花园和练兵场构成了一座蔚为壮观的王府。如今除后勤建筑改变较大外，其他建筑物基本保持了原貌。这也是我国现存太平天国王府建筑中规模最大、保存最完整、艺术品最多的一处。整个侍王府的建筑与艺术品风格和谐统一，相得益彰，不仅具有较高的艺术价值，也为研究太平天国历史、文化与艺术留下了极其珍贵的文物资料。

图 1-7  天京侍王府门楼

太平天国所封各王在天京都建有王府，侍王也不例外。赵烈文的《能静居士日记》记载，天京沦陷后，他随曾国荃首先入城。1864 年 8 月 10 日，他"入城循秦淮西行，至伪侍王府，钓鱼台汪氏宅也……侍王府拟中丞居"，说明浙江巡抚曾国荃攻陷天京后就居于城南秦淮河畔的侍王府中。在曾国藩本人 8 月 11 日的日记中，也称"进城至伪侍王府，沅弟请诸将戏酒酬劳，余与于会看戏，至午正开筵"。天京侍王府后来成为湖南会馆。南京太平天国历史博物馆大门两侧的抱鼓石便是当年侍王府的遗物。如今，天京侍王府早已不复存在，当年高大的门楼已被拆毁，从一张年代久远的照片中还可以看出昔日建筑的壮观，瑟瑟寒风中，重檐翘角、工丽精致的门楼显得十分凄冷（见图 1-7）。在侍王家眷居住的溧阳也建有王府，侍王从浙江回救天京后，在苏南和天京一带作战，就曾居住于此。

第二章

故府追忆：侍王府的前世今生

太平天国金华侍王府现在位于金华城东鼓楼里，金华子城的北端，是金华子城最重要的建筑之一。自唐宋起，此处便作为金华地区乃至整个浙东地区的政治和行政中心，先后为婺州州治（州衙）、浙东道宣慰司所在地。直至大德六年（1302年），浙东道宣慰司迁到了庆元，侍王府所在地改为肃政廉访司之后，金华侍王府在子城之中的重要性才让位于坐落于其西南的金华府（见图2-1）治。本书讨论的侍王府不仅仅是清末太平天国运动之后的金华侍王府，更是几千年来金华子城中最为核心、重要之地的历史、建筑和文化。

图2-1 《金华府城图》

# 第一节　从金华子城说起

如果要更清楚地理解侍王府地理位置的重要性，那么中国古代城郭的子城制度以及金华子城的发展会是一段绕不开的文化和历史。成一农提出，总体看来，子城的定义应该是，中国古代地方城市中围绕以衙署为主体，包括仓库、军营等在内的官方建筑修筑的城墙。[1]总体来说，子城是中国古代的地方城市中，为围护行政、军事等机构而修筑的小城，是府治、军营和仓库等政府机构集中的地方，相当于现在城市规划中的一个专门行政功能区，只是在古代由于政治因素而在城市发展中具有举足轻重的地位。子城在很大程度上是中国古代城市布局中的核心。

金华子城位于江水交汇旁的台地上，略呈正方形，整体朝南，背靠北部的大洪山脉，南部地形开阔、临江。金华位于丘陵地区，低矮丘陵起伏，市区内呈现出道路起伏不平的景象，子城修建处为缓坡。从城市发生学角度来看，其本身就是一处既不担心水患、地势也还算低平的区域，具有形成早期城镇聚落的条件。

金华历史悠久，秦灭六国后，在此设立乌伤县（治在今义乌市）、太末

---

[1]　成一农.空间与形态：三至七世纪中国历史城市地理研究[M].兰州：兰州大学出版社，2012:76.

县，统属于会稽郡。东汉初平三年（192年）设立长山县，孙吴为东阳郡。根据蒋金治的考证，参考《水经注》等记载的地形信息并比对，可知自长山县、东阳郡起，县治、郡治就在今金华古子城。婺州城有内外两层：内层为早期建造的、郡治所在的城，根据残存遗迹，已有最早的金华城墙墙砖年代为光和七年（184年）；外围为五代时期钱武肃王所筑外城，称为州城。直到民国初年金华县政府搬出金华子城前，金华子城一直都是郡、州、府城的所在地。现如今，金华子城已经得到保护，作为金华古子城历史文化街区（见图2-2、图2-3）对大众开放。整体定位为历史文化综合展示片区、城市休闲生活中心、城市重要的旅游目的地，以明清时期的传统民居建筑为主，是包含传统、商业、官署、宗教等多种建筑类型的复合型历史街区。

## 古子城与古城墙保护[1]

唐昭宗天复三年（903年）四月，吴越王钱镠受命始建州治城墙。此后，金华古城墙屡建屡毁，至清顺治十四年（1657年）修筑后，遂有"两浙城池惟婺为首"之誉。清光绪十九年（1893年）八月重新测量，全城城墙长一千七百零五丈八尺，高二丈三尺许，基宽近三丈，面广九尺五寸，女墙高五尺。东南有赤松门（俗称梅花门），南有八咏门（旧名玄畅门）、清波门（俗称柴埠门）、长仙门（俗称水门），西南有通远门（俗称望门），西为迎恩门（一名朝天门，俗称兰溪门），北为旌孝门（俗称义乌门）。迎恩门、旌孝门、通远门各建有月城。已毁塞四门为双溪门、至道门、清河门、天皇门（亦称天柱门）。清时城墙旧址，东至通园溪西侧，西至今新华街，南至今飘萍路、盐埠头北侧，北至人民东路南侧。

[1] 《金华市婺城区志》编纂委员会.金华市婺城区志[M].北京：方志出版社，2011：1343-1344.

民国二十六年（1937年）始，日军侵华飞机多次轰炸城区。民国二十七年十二月十日，为便于居民疏散和防空，城墙被拆。此后，因风雨侵蚀和城市的扩展，原有城墙逐段坍塌和人为拆除，至新中国成立前夕，城墙遗址所剩不多。新中国成立后，城区不断地扩大，交通道路建设和其他基础设施建设日益增多，遗存的城墙不断地被拆除。至20世纪90年代初，城墙仅剩赤松门、通远门、明月楼、白莲巷北、高坡巷等几处遗址。

现存赤松门城墙长97.5米，高6.0米，用红砂岩条石筑成。1995年公布为市级文物保护单位。

现存通远门城墙长100米，高5米，用砂岩条石砌筑。1995年公布为市级文物保护单位。

20世纪90年代，在城区鼓楼里酒坊巷太平天国侍王府的围墙边，在修筑消防通道时，发现披仙台下边有一段长约10米、布满青苔的石墙。据专家考证，这是距今1800多年的唐代古城墙，是城区城墙古子城段的一部分，是城区发现的年代最久远的古城墙。

城区江北明月楼一带尚保存着一段古城墙遗址。城墙上刻有"光绪十一年造"和"金华城砖"等字样。此段古城墙是城区距今时间跨度最小的古城墙。

20世纪90年代，中共金华市委和市政府为保护历史文化名城的古遗存，确定了"辟新区，保旧城，复风貌，保子城，继文脉，保重点"的方针，重新划定古子城保护区范围。1996年8月16日，市政府办公室下发《金华市人民政府办公室关于创建国家级历史文化名城及保护改造开发古子城历史文化区优惠政策的通知》。古子城保护区的范围基本上为原古子城的区域，保护区内较远久的古建筑遗存有八咏楼和侍王府。2004年4月13日，金华市政府批准《金华市古子城历史街区保护与建造规划》，古子城保护工作更趋完善。

图 2-2　保宁门（上）

图 2-3　古子城街道（下）

　　侍王府所处的鼓楼里的街道为子城的南北正中线，连接了南正门和官署建筑，从南至北地势逐渐变高，具有相当的象征属性，是子城最重要的中轴线和主干道。而侍王府就坐落于鼓楼里的北端地势较高处，位于子城内的正北方向，坐北朝南，面对婺江，后倚高阜。这一位置无论在地理意义还是象征意义上都是子城的核心。

## 第二节　从州衙到太平天国侍王府

　　金华历史悠久，东汉长山县治、三国孙吴东阳郡的行政中心都在古子城之内。因而古子城之中最为核心和重要的地块是坐落于鼓楼里北端、子城内正北的今太平天国侍王府地块，其使用历史应不晚于东汉。但可惜的是，历史的这条长河过于悠远，南宋以前地方也没有修志传统，传承至今的金华地方文字记载十分稀少，因而东汉和三国孙吴时期已不可考，至今留存下来关于这片土地的文字记录仅能帮我们将视野触及唐宋。

　　目前尚存的1912年以前的金华地方志仅有四本，年代均为明清，分别是《成化金华府志》《万历金华府志》《康熙金华府志》和《光绪金华县志》。其中，对太平天国侍王府记载最为详细的是清朝光绪年间的《光绪金华县志》。

　　唐宋时期，侍王府为婺州（金华的古称）州治所在地，即婺州最高行政长官的官署。《光绪金华县志》记载，在唐宋时期便有耐寒轩存在，宋高宗绍兴年间，被当时的知州钱端礼改名为移忠堂。元朝初年被改为浙东道宣慰司，大德六年（1302年），浙东道宣慰司迁到了庆元，侍王府所在地改为肃政廉访司。

**浙东道宣慰司**，官署名。元置，从二品，隶江浙行省。官署初在婺州，后迁庆元路（今浙江宁波），领庆元、衢州、婺州、温州、台州、处州、绍兴七路军民政务，辖境包括今浙江省大部分地区。设宣慰使三员，同知、副使、经历各一员。[1]

**肃政廉访司**，官署名。元置，秩正三品，掌地方监察事务。元初置提刑按察司四道，至元六年（1269 年）以提刑按察司兼劝农事。其后，司的设置续有增加。二十八年（1291 年）改提刑按察司为肃政廉访司。三十年（1293 年）定为二十二道，隶于御史台者八道，即山东东西道（济南路置司）、河东山西道（冀宁路置司）、燕南河北道（真定路置司）、江北河南道（汴梁路置司）、山南江北道（中兴路置司）、淮西江北道（庐州路置司）、江北淮东道（扬州路置司）、山北辽东道（大宁路置司）；隶于江南行台者十道，即江东建康道（宁国路置司）、江西湖东道（龙兴路置司）、江南浙西道（杭州路置司）、浙东海右道（婺州路置司）、江南湖北道（武昌路置司）、岭北湖南道（天临路置司）、岭南广西道（静江路置司）、海北广东道（广州路置司）、海北海南道（雷州路置司）、福建闽海道（福州路置司）；隶于陕西行台者四道，即陕西汉中道（凤翔府置司）、河西陇北道（甘州路置司）、西蜀四川道（成都路置司）、云南诸路道（中庆路置司）。每道置廉访使二人，秩正三品；副使二人，秩正四品；佥事四人，两广、海南只二人，秩正五品；其下有经历、知事、照磨兼管勾各一人，书吏十六人，译史、通事各一人，奏差五人，典吏二人。廉访司官分临所管

---

[1] 中国历史大辞典编纂委员会 . 中国历史大辞典：下卷 [M]. 上海：上海辞书出版社，2000：2561.

路分监察，称为分司，每年八月至次年四月出巡，判决六品以下官吏轻罪，复审地方已断民间称冤案件，复核并签署官员考校政绩。[1]

侍王府在明朝时改为按察分司，之后又改为察院行台。按察分司、察院行台和肃政廉访司类似，都是地方性的监察机构，有时候只是不同朝代对同一功能机构的不同称谓。中国古代地方的监察官通常对行政长官如知州、知府等进行监察，因此监察官虽然职位级别相较于行政长官较低，但有时候甚至会比行政长官有更大的权力。

按察分司，即按察司。金章宗承安四年（1199 年），改提刑司为按察司。元代是各道提刑按察司的简称。至元二十八年（1291 年）改为肃政廉访司，为元代地方监察机构。明代是提刑按察使司的简称。掌一省刑名、按劾之事。

察院行台，察院即都察院的简称，行台即中央在地方的派出机构。（唐宋）监察御史公宇之省称。《新唐书·百官志三·御史台》："其属有三院：一曰台院，侍御史隶焉；二曰殿院，殿中侍御史隶焉；三曰察院，监察御史隶焉。"（元）察院系正式机构名，或代称监察御史。元马祖常《察院题名记》："世祖皇帝至元五年立御史台，设监察御史。"（载《析津志辑佚》）《元史·百官志二》："察院，秩正七品，监察御史三十二员。"明清是都察院省称。杨绳信注："明以后，简称都察院为察院。"[2]

---

[1] 俞鹿年.中国官制大辞典：下卷 [M].哈尔滨：黑龙江人民出版社，1992：937.

[2] 龚延明.中国历代职官别名大辞典 [M].北京：中华书局，2019：1185.

侍王府在清朝时沿袭为察院行台，又名大司。到顺治三年（1647年），校士馆毁坏，就在此开展府试，当时的侍王府就变成了试士院。

古代的科举考试正式考试共分三级：院试、乡试和会试与殿试。不过，在院试之前，还要经过童试，童试包括县试、府试、院试，可以看作科举前的预备性考试。清朝在金华的试士院开展的考试应是县试、府试和院试。

**县试**：童试考试中的第一场，由各县（或州）长主持。

**府试**：通过县试后的考生有资格参加府试。府试在管辖本县的府进行，由知府主持。府试通过后就可参加院试。

**院试**：参加过县试、府试后的童生取得生员资格的考试。由朝廷所派官员主考。考中者称秀才。

**乡试**：每三年一次在各省省城举行的考试。考中者称举人，有做官资格。第一名称解元。

**会试**：每三年一次会集各省举人在京城举行的考试。考中者称贡士。第一名称会元（或会魁）。

**殿试**：亦称廷试，是皇帝在殿廷亲自对会试考中的贡士所进行的面试。

咸丰十一年（1861年），太平天国后期重要将领侍王李世贤率太平军进攻浙江，5月28日攻克金华，遂以金华为中心，建立太平天国浙江根据地，侍王府为指挥中心。李世贤在此召集工匠大加修葺，并在明千户所旧址上兴建多间房屋，拓为西院。整个建筑分为官殿、住宅、园林、后勤四部分，毗连宽广的练兵场，占地面积达 6 万多平方米。

同治二年（1863 年），太平军撤出金华后，仍恢复为试士院，由于原通判署、经历署在太平天国运动中被毁坏，因而旧千户所即当时的侍王府西院便被改为通判、经历二署。

---

**通判署**，即通判官的官署。通判多指州府的长官，掌管粮运、家田、水利和诉讼等事项，对州府的长官有监察的责任。清代规定府通判与同知分掌粮运、督捕、海防、江防、水利、清军、理事、抚苗诸事，各量地置员，以佐助知府处理政务。[1]

**经历署**，即经历官的官署。经历司经历的简称，明代于宗人府、通政司、都察院和地方各府均设经历司经历，其实是这些官署的办公长官，掌管署内部事务或备差遣，秩五品至八品不等。[2]

---

清末民初，金华知府宗舜年呈请改此地为金华府官立初级师范学堂，即金华师范学堂，后来 1923 年与省立第七中学合并，金华侍王府便先后作为金华师范学堂、省立第七中学的校址。

---

宗舜年（1865—1933 年），晚清民国常熟人，原籍上元(今江苏南京)。宗源瀚子，俞樾孙女婿。字子戴，一作子岱，别字畔虞，号耿吾。清光绪十四年（1888 年）举人。授内阁中书。累捐浙江试用知府，二十九年为浙

---

[1] 俞鹿年.中国官制大辞典：上卷 [M].哈尔滨：黑龙江人民出版社，1992：721.

[2] 龚延明.中国历代职官别名大辞典 [M].北京：中华书局，2019:765.

江省城警察总局提调，三十二年委署金华知府，为两江总督端方借调办理文牍章奏，任江苏筹办地方自治总局局长、调查局会办等，究心新政，通晓时务。迁浙江候补道，宣统三年（1911年）任粤汉铁路会办。辛亥革命后避居上海，1912年参与发起重组常熟旅沪同乡会，参与东南义赈，与修《江苏通志稿》。1923年任常熟图书馆馆长，1926年任南京成德中学校长，1928年参与发起成立上海临时义赈会。后卒于常熟邗园。与邓邦述交契。喜藏书画，尤富藏书，多珍善孤本，精版本目录及校雠之学。曾辑刊《邗园丛书》。编有《邗园书目》。纂辑《金陵艺文志》。著有《尔雅注》《耿吾剩稿》等。[1]

1939年，周恩来代表党中央，以国民政府军事委员会政治部副部长的公开身份，从重庆来到东南抗日前哨，到浙江视察抗战之时，曾到此（议事厅）作抗战演讲。新中国成立后，文物保护渐成国之大事，文物资源管理、保存状况实现根本性改变。

1949年，侍王府归金华中学管理后，被视为文物保护对象，逐步展开修复工作。1964年，侍王府西院收回，侍王府纪念馆筹委会成立，对西院进行修缮，并发现了大量的壁画和彩画，工作人员剥除剩余附着在壁画外的石灰层，使119幅壁画重见天日。1973年，侍王府维修，至1974年4月，侍王府对所有彩画采用醇酸清漆、加固剂保护；对西院四进原被油漆彩画进行洗出；1981年4月，浙江省政府公布侍王府为省级保护单位。1981—1984年，开展侍王府古建筑维修和白蚁治理工程。1984年，收回侍王府东院大堂、二堂、耐寒轩、后花园。1988年1月，国务院公布侍王府为全国重点文物保护单位。

[1] 李峰，汤钰林.苏州历代人物大辞典[M].上海：上海辞书出版社，2016：618.

侍王府经过数十年的修缮，逐渐从被动保护变为主动保护的状态，"保护第一、加强管理、挖掘价值、有效利用、让文物活起来"22字指导方针贯穿始终。除建筑、壁画的保护外，侍王府还积极展开文书修复工程，由于所藏的太平天国文书存在多种病害，因此根据每张文书的病害现状，采用不同的修复方法、不同的修补材料、不同的清洗方法、不同的揭裱要求、不同的装裱形式，即是否重新揭裱、镶、衬、托、加固等，确定修复措施，分别列出各操作步骤中拟采用的材料、工艺，并简述实施过程中的要求，根据具体病害情况而制定针对性修复方案。同时，记录修复工作内容、检测数据、修复材料、修复工艺、修复时间及专家验收等情况，为将来的修复工作提供参考。

侍王府作为历史长河中流传下来的宝贵财富，是历史文化的见证，也是我国文化遗产的重要组成部分。因此，施工项目不仅繁杂，而且"治病"的过程中应运用科技力量作为支撑。侍王府进行过多次抢救性保护及信息记录、修缮修复，化腐朽为神奇。相关人员对侍王府的每一次修复对于后人来说，都是一次真实存在的事件，能够反映出文物的历史价值以及文物所体现的社会背景。2022年11月开始，侍王府联合浙江大学文物数字化团队，利用三维扫描、高精度建模等数字手段对侍王府进行整体测绘，对其所有建筑、附属文物及馆藏文物进行数字化采集，形成二维和三维不同精度的文物信息资源，并完善更新侍王府"四有档案"，深度挖掘侍王府背后的故事。这决定了侍王府保护工作不是短期行为，应树立长期性的想法，有计划地进行分阶段保护和展示。

侍王府具有很强的独特性，通过以"金华古代官署文化"和"侍王与太平天国在浙江"为主题的文化旅游项目，并联合金华书法名家举办作品展，全方位深度把握和揭示金华人文历史渊源和其中最具特色的方面，为游客大众提供具有自己鲜明个性的陈列展示，解读好金华从哪里来、金华曾经有过什么，让观众了解金华的历史发展变化，使之成为展示金华的重要窗口。展览通过艺术欣赏、互动体验等方式寓教于乐，满足游客群体休闲娱乐的需求。金华侍王府纪念馆作为旅游者与景区之间的纽带，为大众提供丰富的景区、景点信息和安全的景区环境。在保护好的同时利用好文物古迹资源，只有这样，才能实现金华地区旅游业的健康、稳定、持续发展。

## 第三节　侍王府纪念馆的成立

1964 年 3 月 20 日，金华市政府成立了侍王府纪念馆筹委会。"文革"期间，成立了图书文物清查小组，对八咏楼所藏文物进行清理。在侍王府成立了金华图书馆，用来存放整理好的文物和图书。20 世纪 70 年代，成立了金华县文物管理委员会，多个市文化机构在侍王府办公，后多个文化机构合并成立了毛泽东思想宣传站。1979 年 10 月 1 日，太平天国侍王府纪念馆（见图 2-4）正式对外开放。1981 年，侍王府被列为重新公布的第二批浙江省省级文物保护单位。1988 年 1 月 13 日，侍王府被公布为第三批全国重点文物保护单位。

侍王府分为东院、西院和练兵场三个部分，总面积达 24350 平方米，建筑面积达 3000 多平方米（不包括太平天国运动结束以后建成的建筑），因年久失修，侍王府建筑群普遍遭受白蚁虫害，几座主体建筑出现不同程度的脱榫、柱子歪斜等情况，壁画也多有潮腐之现象。1980 年 12 月，金华县文物管理委员会和太平天国侍王府纪念馆计划对侍王府建筑进行大修，并布置展陈。基于侍王府建筑的实际情况和当时国家文物经费困难的现实情况，整个维修

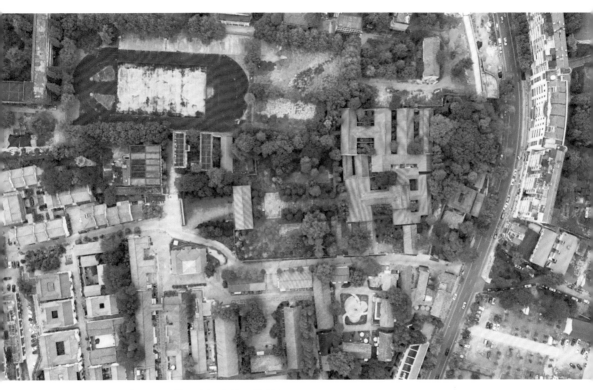

图 2-4　太平天国侍王府纪念馆（航拍）

工程分为三期完成。第一期，修理议事厅、穿堂、二殿、耐寒轩、照壁和后院围墙，设置"太平天国在浙江"陈列；第二期，修复西院，并进行原状布置陈列；第三期，将照壁至议事厅之间的建筑全部收回，进行适当复原和修缮。第一期工程于 1980 年 12 月开始，到 1981 年 12 月结束，其间西院照常开放。第二期于 1981 年 11 月开始，其间东、西院陈列交替开放，做到维修时陈列开放不关门。计划完成后，整个侍王府基本恢复原貌，全部对外开放。第三期于 1997 年 8 月开始，到 1999 年 10 月结束。出于历史原因，侍王府东院议事厅至照壁之间的 7711 平方米土地被金华师范学校占用，该地段内的侍王府正门、仪门、廊庑等建筑损坏、腐朽极为严重，照壁石雕、砖雕长期受金华师范学校食堂炉子的高温和煤烟侵蚀，已经风化剥落。因此，第三期工程实施了打通侍王府中轴线的方案，对金华师范学校进行了易地重建。金华市委、市政府也采用各种措施对侍王府进行过不同规模的维修，并制定了新的《太平天国侍王府保护规划》，对侍王府建筑遗存、壁画彩绘遗存及整体环境提出了相应的保护措施：在深入研究历史文献材料及专家论证基础上，对通道两侧廊庑进行复建，其建筑形式、空间、尺度与总体建筑风貌相协调；采用高效合理的方法治理白蚁、腐菌等病虫害；对后花园进行整治，并对永康考寓附属建筑进行复建；保护侍王府建设控制地带内的环境风貌，限制建设项目，控制直接影响侍王府的环境污染源，包括水系污染、噪声、有害气体排放等；对保护区内的古建筑承重结构进行加固。《太平天国侍王府保护规划》还对侍王府的土地利用、基础设施建设、防灾等方面做出了规划。规划分近、中、远三期实施。

为做好侍王府的保护工作，金华市政府规划了侍王府的保护范围：东至鼓楼里，南至照壁外出10米，西至教学仪器供应站西墙，北至将军路中。我国《文物保护法》规定，保护范围内，不得进行其他建设工程。现有房屋只能进行维修，并创造条件，逐步拆除与侍王府无关的建筑物。建设控制地带为东至鼓楼里向东外出30米，南至照壁向南外出65米，西至保护范围西线外出30米（毗邻的金华市第六中学部分允许造五层及以下的建筑），北至将军路中向北30米。在这个地带内修建新的建筑物和构筑物，不得破坏文物保护单位的环境风貌。其设计方案须征得文化行政管理部门同意，并报城乡规划部门批准。

1998年，浙江省委、省政府将太平天国侍王府纪念馆定为省级爱国主义教育基地。2015年5月18日，太平天国侍王府纪念馆重新对外开放。截至

2019 年末，太平天国侍王府纪念馆馆藏文物有 160 件（套），其中珍贵文物 39 件（套）。目前，侍王府东院由南往北依次为"金华古代官署文化"主题展、"李世贤生平"陈列以及"太平天国在浙江"陈列；西院为太平天国壁画展。纪念馆建筑既是太平天国历史的一部分，也是金华史地沿革与城市发展历史的一部分。

第二章

王府物华：侍王府的文物

# 第一节　旷世三宝

　　侍王府是太平天国的艺术宝库，截至2024年已清点登记有石雕20件（不计入柱础），砖雕32件，灰塑9件，木雕696件，大小壁画95幅，彩画358幅，另有滴水瓦当26件（种），墨书题记1处，碑刻6处。这些艺术品与整个侍王府的建筑风格和谐统一，不仅具有较高的艺术价值，而且也是研究太平天国革命历史的珍贵资料。

　　现存侍王府的三宝分别是团龙、壁画和千年古柏。团龙（见图3-1）是侍王府石雕珍藏品，是太平天国时期最珍贵的文物之一，是国家一级文物。团龙原嵌在侍王府东院照壁正中，如今陈列展示在东院展厅内。

　　照壁高约6米，面阔17米，是太平天国遗留至今唯一的一座照壁。照壁南面（阳）石基座中间雕的是双夔捧寿，左右各雕仙鹤寿桃、蝙蝠寿桃。照壁正面封护檐下嵌有一组栩栩如生的砖雕。居中为双狮抢球，两旁为将军出巡图，图左雕有一组姿态各异、活泼可爱的群鹿，图右雕有古雅朴拙的麒麟。照壁背面封护檐下中间嵌的则是双龙戏珠，左右各为仙鹤寿桃、丹凤朝阳、孔雀牡丹等砖雕。其中最为精彩的是照壁正中嵌刻的团龙。

图 3-1　太平天国浮雕五爪团
龙青石（实物及三维模型）

团龙系由石质细腻的青石雕刻而成，以透空镂雕的微雕与金华雕刻工艺技法相结合，使整个造型富有突破性和力度，显示出龙的庄严威武。团龙直径为 1.20 米，环框凸雕有五只飞翔的蝙蝠，中为祥云、波浪烘托着龙威。龙眼突出，嘴须张弓，鳞身翅尾凹凸分明，龙爪刚劲有力、火球腾云，其似飞欲跃之态被淋漓尽致地刻画出来，彰显着能工巧匠的聪明才智。

1929 年，侍王府属省立第七中学范围，校长方豪为保护团龙免遭战火毁损和风雨侵蚀，派工匠将其从照壁高处卸下并存入学校艺术馆保存，还为此写下一篇石刻文：

> 吾婺僻处万山，民风朴素，向无珍贵遗物被熔岩所淹或尘土所封。洪杨发难，李侍军临，撤试士院为行宫，高筑屏墙，中嵌圆石蟠龙，大六径尺，传闻石工有雕龙须不成处戮者，其有意取美可知，吾校一院即其旧址。频年建筑，顿改旧观，惟石龙岿然独存。今吾校添筑艺术馆，移石馆中，借助观美，其创作虽属强梁，宝贵亦非同彝鼎骨甲，但区区一石，实含有时势上一段历史而艺尤精巧……

1988 年，侍王府被国务院公布为全国重点文物保护单位后，多次与金华师范学校协商将团龙交由侍王府保管，在金华市委、市政府关心下，以及金华师范学校领导、师生的合力帮助下，金华师范学校于 1994 年 12 月 28 日将珍藏 65 年之久的团龙转交给侍王府保存。

侍王府壁画、彩画之多，为全国太平天国遗址之最，超过全国各地太平天国遗址所保存的壁画、彩画之总和。这些壁画、彩画，除大殿的 6 幅外，其他均为 1964 年在西院所发现。成立太平天国侍王府纪念馆并进行维修时，在西院一进西偏屋东壁外层剥落的地方发现有画。根据太平天国王府"无一不画"的启示，文保人员进行细剥，终使埋没 100 多年的壁画、彩画重放异彩。这些壁画与彩画题材广泛，有军事、神话、农家生活、自然风光、吉祥物等众多内容，部分反映现实生活，注重写实，歌颂太平天国革命；部分则以勇猛强悍、富有战斗性的飞禽走兽和以吉祥的民间传说为题材，同时以图案装饰贯穿其中，富丽堂皇，与整个建筑构成一个整体。这些壁画、彩画为研究太平天国的制度、文化、经济、军事以及民间传统的渔、樵、耕、读等提供了极珍贵的资料。

东院第一进为大殿，亦称议事厅。殿内所有墙壁、梁枋上原均绘有各种壁画、彩画，金碧辉煌。但现除东山墙穿插枋上留有6幅花鸟壁画外，其他壁画被毁，梁枋上所有彩画均被油漆刷盖，但其痕迹还依稀可辨，有待今后剔洗。西院为侍王府住宅，共有四进，一、二进建筑有大量的壁画、梁枋彩绘以及木雕、石雕、砖雕等。在西院大门壁面西侧墙上绘有一幅线描重彩的《云龙图》（见图3-2），作于清咸丰十一年（1861年）。此画高430厘米，宽

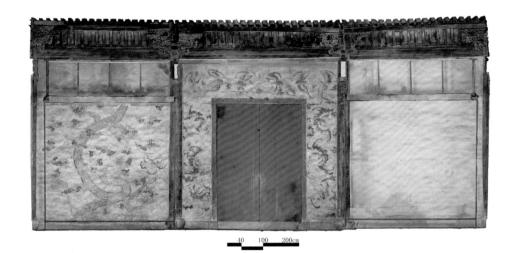

图 3-2　西院一进外立面正射影像图及《云龙图》

370 厘米。画面气势磅礴，画师以粗犷的笔调描绘了一条力撼天宇、叱咤风云的五爪龙在滚滚的浪涛之上随着火球翻动，腾跃于云海之间，体现了天王洪秀全"虎啸龙吟光世界"的思想境界，它那斗劲正酣的磅礴气势，展现了"展爪似嫌云路小，腾身何怕汉程偏"的壮志。色彩主要运用朱磲，并以石青、绿为依托，在大墙上更显光彩。

门前东壁另有一幅《太狮少狮图》（见图 3-3）亦为重彩，高 332 厘米，宽 266 厘米。画面以墨线勾勒，大狮以勇猛的姿态紧盘飞球，引小狮向前，狮目正视前方，细密中突出粗犷。设色红绿相衬，和谐悦目，突出婺州传统文化的色调。

西院大门前西壁墙上绘有《太平有象图》（见图 3-4）。该图为线描重彩，高 310 厘米，宽 267 厘米。作品采用吉祥物谐音，寓意太平天国永久昌盛、平安祥和，"行见天下一家，共享太平"。其采用行云流水描法勾勒白象形体轮廓，其立像纹理自然、气韵生动。

侍王府西院二进正厅是当年侍王办公之所，正厅北壁有石门，门左右两侧墙上为两幅极大而工整的反映太平天国军事和政治的大壁画（见图 3-5）。西侧墙面一幅画的是太平军《军营望楼图》，整个画面高 223 厘米，宽 346 厘米。可惜画面正中被开了窗户，主要部分已遭破坏，但残留部分仍充分反映出当时太平军战事形势。《军营望楼图》壁画残留左半部分的左下角，绘有一座木构望楼建筑。楼分四层，每层设木梯，层层而上。最高层中间竖一旗杆，黄色的长方形大旗迎风招展。望楼右边树丛中立着十根旗杆，挂着长方形和三角形旗子。旗杆后面有房屋四幢，当是太平军的兵营，兵营后面山峦重重。山口树丛中掩映着一座城池，城门紧闭，城楼上插有一面旗子，旗杆上有一斗，似为一未攻克的城池。画的左侧部分，有房屋四幢，屋后一江横贯，江上有风帆一艘。纵观全画，画家采用散点透视法，使军事设施和山水、树木

图 3-3　西院一进外立面东侧正射影像
图与《太狮少狮图》（上）
图 3-4　西院一进外立面西侧正射影像
图与《太平有象图》（下）

图 3-5　西院二进正厅北壁正射影像图

构成新颖感人的画面，把未攻克的孤城推到左上一角。在这孤城周围，气象森严，展现出一片宽广的战场，望楼高耸，兵营匝地，旌旗迎风招展，战船扬帆疾驶，颇有大军压城城欲摧之势。凝视这幅壁画，使人不由想起当时三衢（今浙江衢州）激烈争夺战的气势。三衢是浙东重镇，浙江巡抚左宗棠据守此城。侍王统帅太平军，曾几次围攻而不克。不难看出，这幅壁画当是这一战役的写照。在戎马倥偬之际，这幅画绘在侍王办公地的最显著之处，表现了太平军将士们在激烈的战斗中充满了誓与清王朝血战到底的坚强决心。

东侧墙上也同样有一幅大壁画《王府图》，中间也同样被开窗破坏了主要部分。画幅中，极为工细和结构复杂的亭台楼阁、曲院回廊、黄墙碧瓦，配以假山花木，组成一座大庭院。院中室内均摆有书籍、文房四宝，从建筑结构和所施颜色来看，似为一座太平天国王府。

在二进正厅东、西两壁有四幅春、夏、秋、冬四季捕鱼图，生动细致地描绘了渔民们在不同季节用各种不同的捕鱼工具打鱼的劳动场面。图中人物众多，姿态各异，形象逼真，饶有生活情趣。

《春季捕鱼图》（见图3-6）画幅下部中间绘有拱形石桥一座，桥通右侧渔家。渔家有房屋四幢，并围以篱笆，房前屋后树木成荫。渔家右侧横贯大溪，桥边一渔人正用"大捞"在打鱼。溪中渔船三条往前急驰，驱赶着二十多只鹭鸶在捕鱼。船上有男女青年渔民，也有渔翁老妇，他们头上全扎白巾，脚穿草鞋，有的在划船，有的在打捞，有的在互打招呼，景象繁忙。整幅画以青山绿柳为烘托，春意盎然。

在《夏季捕鱼图》（见图3-7）中，右下角有一板桥，桥上有一渔民正挑着两筐鲜鱼往前奔走。桥东是山坡，坡后有古松，树荫岸边并排停着两条渔船，其中一条船的船头上横铺木板，上坐四人，一人吹笛，一人吹笙，一人打板击鼓，一人歌唱，表情各异，形态逼真。对面另一条船的船头坐着一个渔民，笑着以手指向歌唱者，似乎在赞赏评述精湛的演唱。画面中部隔溪停有渔船三条，渔民正在准备聚餐，一人手按大鱼，正在刮鳞，二人由岸上走来，前者右手拿肉、左手拿酒瓶，后者捧着一坛酒。岸上覆着船篷，篷后露出一小孩，篷前一人坐在矮凳上烧火，一人在劈柴。前面溪里驰来一条渔船，船头立着七只鹭鸶，像是捕鱼归来。整幅画描绘出渔民收工后各种欢快的生活场景。

在《秋季捕鱼图》（见图3-8）中，右下角芦苇丛中并排停着两条渔船，船头横铺木板，围坐四人，中间放一大盘，盘中盛一大鱼，众人正在喝酒猜拳，惟妙惟肖，呼之欲出。右上角画的是一个营救场面，一个渔民似已陷入深潭，将罾丢在一边，另一渔民抓住他的头发往上拉。

在《冬季捕鱼图》（见图3-9）中，雪山深谷溪流上鹭鸶成群，潜浮水中。七艘渔船上渔民十人均穿蓑衣，戴笠帽，以各种不同方式驱使鹭鸶捕鱼。有的用"捞海"捞，有的用竹竿钩回咬住鱼的鹭鸶，有的吹口哨呼唤鹭鸶，神

图 3-6 《春季捕鱼图》

图 3-7 《夏季捕鱼图》

图 3-8 《秋季捕鱼图》

图 3-9 《冬季捕鱼图》

态十分生动，生活气息非常浓厚，在寒天雪地中勾画出一幅捕鱼的热闹情景。

《樵夫挑刺图》（见图3-10）位于西院一进西间壁上。画面高188厘米，宽131厘米。描绘的是高山峻岭之下，两个樵夫打柴回家。在下山途中，一个樵夫脚板突然扎进树刺，难以行走，于是两人把柴放在小路旁。被刺者双手抱住一根古松，伸出受伤的右脚，另一樵夫坐在石上，执住被刺者的脚板，聚精会神地在挑刺。人物刻画细腻入微，栩栩如生。他们头戴笠帽，身穿短衣短裤，腰束汤布，腿扎绑带，脚踏草鞋，正是浙东地区劳动人民朴实无华的装束，樵夫那种朴实、憨厚、勤劳的神态被描绘得惟妙惟肖。挑刺者那种全神贯注、一丝不苟、郑重其事的动作和极为微妙的表情，使人看了顿生可亲可佩之感。被刺者神态的刻画更是入木三分，挑刺时的痛痒感觉流露于脸部，反映在两脚的脚趾上，回首顾望，似笑非笑的面部表情，妙不可言。

位于二进东间西壁的《樵夫归憩图》（见图3-11）中，右上部分有一个樵夫正挑柴下山。中部有两个樵夫坐在石上休息，一个拿着旱烟管抽烟，手指下山樵夫，对着另一个休息的樵夫在说话。

这些人物画为研究太平天国壁画是否绘人物的问题提供了宝贵的实物例证。1956年和1957年，学术界曾对太平天国壁画是否绘人物问题展开了一场讨论，讨论的结果以"不准绘人物"而告终。侍王府的壁画是在争论后的1964年发现的，其中绘有人物的画就有16幅之多。这16幅人物画均在西院。考察西院历史，《光绪金华县志》记载：太平军撤退后，这里的房屋就做了清通判、经历二署衙门。民国以后就作为金华师范学校。新中国成立以后，成为金华中学等的宿舍。据考，清政府的官署和后来的学校宿舍，均没有在墙壁上绘画的习惯。同时，这些壁画又是在厚厚的几层石灰里面发现的。这就证明，这些房屋的墙上只画过一次壁画。再从壁画的布局看，是经过统一安排的，每个房间的格局均采用对称的手法，按题材而组合。如：二进正厅正壁

图 3-10　《樵夫挑刺图》

图 3-11　《樵夫归憩图》

（即北壁）两侧画了两幅极大的壁画，西侧画《军营望楼图》，东侧画《王府图》；东壁南端画柏鹿，西壁南端画松鹤；东壁卷门上额画《鱼龙变化图》，西壁卷门上额画《鲤鱼跳龙门图》；东壁中部画《春季捕鱼图》《秋季捕鱼图》，西壁中部画《冬季捕鱼图》《夏季捕鱼图》；西院大门两侧画了龙、凤、狮、象，既是一个组合，也是太平天国王府大门规定而画。因此，侍王府西院壁画当是太平天国之遗迹无疑。

由于年代久远，不少珍贵壁画存在病害，有的开始剥落，有的严重褪色，有的将随墙倾倒。因此，有关部门在 20 世纪 90 年代开展了抢救保护壁画工作。抢救保护工程分三期进行。第一期工程把西院正厅后檐危墙上的两幅壁画《军营望楼图》和《王府图》揭取下来，危墙重砌后，再把壁画贴上，复位加固。这两幅壁画为太平天国时期壁画中的珍品，也是侍王府壁画中仅有的军事题材作品。要把这么珍贵的两幅薄如蛋壳的壁画完好无损地从危墙上揭取下来，确是一项前所未有的高难度挑战。这一工程在国家文物局著名专家胡继高亲临指导下，于 1995 年取得了圆满成功。揭取保护后的《军营望楼图》和《王府图》保持了文物原貌，这一成果被誉为我国文物保护史上的一大奇迹。

1996 年春夏，第二期工程启动，对《樵夫挑刺图》《云龙图》《太狮少狮图》《太平有象图》等一批珍贵壁画进行了加固保护。其中，《樵夫挑刺图》曾得到时任国务院副总理朱镕基的赞赏。此画构思巧妙，生活气息浓郁，人物形象描绘得惟妙惟肖，栩栩如生，确是一幅壁画珍品，但空臌严重，必须加固。其他各幅壁画也普遍存在空臌现象，即表面石灰层与砖体脱离，导致石灰层向外突出，最严重部分已达 5 毫米以上。在中国文物研究所技术人员的精细操作下，这一加固工程很快取得了成功。接着，胡继高和中国文物研究所研究员蔡润等制定了《金华太平天国侍王府壁画保护第三期工程方案》。

正是因为各领导专家和文物保护工作者的努力，侍王府的精美壁画才得以保存至今。

太平天国常以勇猛强悍、雄劲威武的飞禽走兽入画，以象征英雄们矫健激昂、勇悍无敌的战斗精神和"英雄盖世出凡尘"的豪情壮志，正如罗尔纲先生所说，"绘画富于战斗性的飞禽走兽的艺术，也是太平天国壁画的一种特色"。在侍王府的壁画和彩画中，这种特色是很强烈的，如双狮戏球、双鸡相斗、麟鹰相会、麟凤争斗等，比比皆是。

在西院二进西间东壁画有一幅《麟凤争斗图》。在图幅中下部有一麒麟，五彩斑斓，脚踩笔、锭、如意、镯、戟、蟾等杂宝，英姿威武，回首朝右上方的凤凰口吐火焰，往前急奔；凤凰独脚立于梧桐树上，口含一朱红长线，线下缚有画二卷、书一函，下垂红穗，凤凰羽毛奋张，双翅振展，怒朝麒麟。二者酣战正烈，似乎以凤凰之文战麒麟之武，体现了文武相斗和麒（棋）凤（逢）敌手之意。

在西院三进上枋，绘有一幅《英雄图》（见图3-12）。画面右方绘一劲松，枝上立一雄鹰，展翅伸头，俯视麒麟；麒麟奋蹄昂首，张口怒吼。苍鹰雄健，麒麟威武，二者相会，表现出叱咤风云的英雄气概。

画得更多的是象征权势的金龙。整个王府的照壁、门框、梁、柱、枋、天花板上，雕画着各种各样的龙，体现了天王洪秀全"虎啸龙吟光世界"的诗意。

西院所有的柱上均绘有五彩盘龙（见图3-13），梁、枋、天花板上的各种图案装饰大部分也以龙为主体，而且所有这些龙都是五爪金龙。在封建社会里，龙作为统治者的象征，是封建帝王专有装饰，有严格禁令，不许随便乱画。亲王以上可绘画五爪金龙及各色花卉，郡王以上可绘画四爪之蟒，除此之外谁也不准画，僭用违禁龙凤纹者要受"官民各杖一百，徒三年"的严

图 3-12　西院三进东厢房前廊东面前金柱间朝南枋额上的《英雄图》

厉处分。太平天国以洪秀全的"天人一气理无二，何得君王私自传"为主张，敢于打破这种禁令，大画特画五爪金龙，以伸张农民革命的权势。

　　除了龙，侍王府中最常出现的彩画纹样是云蝠纹（见图 3-14）。通常是一只头朝下的红蝠，口衔铜钱，翼根点缀靛蓝，尾部用朱红、靛蓝画祥云纹，墨色勾线，寓意洪福齐天。

　　器物类纹样比较典型的有暗八仙纹，暗八仙指八仙手中的 8 件法器，分别为汉钟离的掌扇、曹国舅的玉板、张果老的渔鼓（见图 3-15）、吕洞宾的宝剑、铁拐李的葫芦（见图 3-16）、韩湘子的笛子、蓝采和的花篮、何仙姑的莲花。

图 3-13　西院四进明间西面中柱（金龙盘柱）
东南和西南视角

图 3-14　西院二进正厅明间前轩廊前后廊柱间的祥云蝙蝠（西面和东面视角）

图 3-15　西院二进正厅西次间西墙中间中枋板的张果老的渔鼓（上）
图 3-16　西院二进正厅西次间西墙中间中枋板的铁拐李的葫芦（下）

侍王府东院后进耐寒轩庭院中两株古树高约 25 米，树干周长分别为 300 厘米和 190 厘米，类系桧柏和龙柏。清光绪年间陈文骙《耐寒轩》匾额中记述："校士院为唐州治故址，旧有移忠堂，后为耐寒轩，宋知州钱端礼始更之。轩前双柏耸干，夭矫犹龙，相传以为钱武肃王（五代吴越国王）手植……"清代经学家、金石学家阮元也作《金华试院宋自公堂后双古柏》云"生气勃然出堂脊。一株镠镣纹节转，一株皮厚腹中坼"，颂曰古柏"颇有清香凝画戟"。耐寒轩的古柏，苔痕斑驳，古拙枝干编织了千年的苍翠。清香庭风，韵古风和，独耐岁寒。1861 年太平军侍王李世贤攻克金华后，在此扩建王府建筑，100 多年后，这里建立了太平天国侍王府纪念馆，千年古柏得到保护，使这一对古老的"夫妻柏"重新焕发了生机（见图 3-17、图 3-18）。

图 3-17　耐寒轩的东桧柏（上）

图 3-18　耐寒轩的西龙柏（下）

## ⌘ 第二节　绵代珍宝

除了石雕团龙，侍王府另有两件国家一级文物，即《重修智者广福禅寺记》石碑与"太平天国天朝九门御林芳天义右拾肆护军"木印。

侍王府西院二进东耳房前廊存放有陆游亲书《重修智者广福禅寺记》石碑（见图 3-19、图 3-20），该石碑原位于罗店金华山下的智者寺中。智者寺始建于南朝梁武帝普通七年（526 年），为梁武帝所敕建，原为南朝梁代慧约法师道场，距今已有近 1500 年历史。它兴盛于唐，重修于宋，延续至元、明、清，是金华山著名佛教历史文化遗存，也是儒、释、道文化和谐共栖的佛教代表。南宋庆元五年（1199 年），仲玘禅师来到这里，抱着"天其使我兴此地"的使命，着手重修智者寺。嘉泰三年（1203 年），智者寺重修完工。其间，仲玘给好友陆游修书，请他为智者寺重修写碑记。当时，78 岁高龄的陆游写下《智者寺兴造记》（后改称《重修智者广福禅寺记》），记录了智者寺重修的全过程。碑记写好后，陆游还八次修书为刻碑与仲玘交流："碑上切不须添一字，寻常往往添字坏却""碑样只依明州宸奎阁碑最妙"……反复提醒，足见陆游对此碑的重视。

图 3-19　南宋陆游亲书《重修智者广福禅寺记》石碑（国家一级文物）

注：上左为石碑，上右为石碑细节，下左为石碑正射影像图，下右为石碑首文字细节。

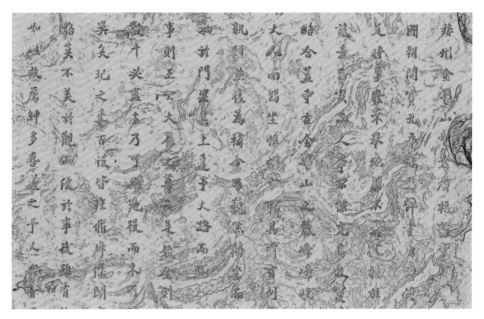

图 3-20　南宋陆游亲书《重修智者广福禅寺记》石碑（国家一级文物）石碑文细节

　　《重修智者广福禅寺记》于嘉泰三年十月甲子日完成，碑首由婺州军州吴璘题写。后来，仲圮又续刻了五方关于陆游书信的石碑置于房间，又担心书札碑铭散失，才将书信移刻于《重修智者广福禅寺记》石碑的阴面。《重修智者广福禅寺记》记录了智者寺由败落到光复的兴造过程，盛赞了仲圮的才智和器局，是一份关于智者寺难得的文献资料。石碑还保留了陆游为数不多的传世书法作品，特别是石刻作品，且此碑刻是其晚年唯一存世的石刻作品。同时，该碑除正面楷书外，反面还刻有陆游与仲圮手札八件，字体为行草书，书法飘逸潇洒，秀润挺拔。以行草书刻碑，虽然唐太宗已开风气于先，但在唐宋之际，行草书碑仍不常见。因此，该碑可以称得上是唐宋行草入碑的一个典范。该碑被列入了国家文物局公布的《第一批古代名碑名刻文物名录》。

太平天国侍王府纪念馆收藏的"太平天国天朝九门御林芳天义右拾肆护军"木印（见图3-21），是国内发现的首枚太平天国护军木印，被定为国家一级文物。该木印呈长方形，正面红色封泥，内书朱文"太平天国天朝九门御林芳天义右拾肆护军"，扁宋体，单行下列。朱文外凸雕双龙戏珠纹，文字四周及木印四周均有边框。

图 3-21 "太平天国天朝九门御林芳天义右拾肆护军"木印（国家一级文物）

这枚木印虽目前收藏于太平天国侍王府纪念馆，却是在杭州发现的。太平天国时期，杭州艮山门、东城大仓等均储有大量稻谷，仅艮山门一个仓库就有几十万石，故当时在艮山门内头营巷的探花府驻有太平军以守卫"圣粮"。这枚木印是1861年太平军第二次攻克杭州后留下来的。《太平天国文书汇编》"幼主诏旨"中载："特诏封……侯贤提为天朝九门御林开朝勋臣京都江面水师大佐将芳天义……"朱文中的"芳天义"（侯贤提）应为汪海洋部属。1982年10月杭州艮山门头营巷7号沈姓探花府因基建需要被拆除后，许耀生从老屋的乱砖堆中捡得此印。1981年春节，纪念馆干部裘连城去杭州家中探亲，征得此太平天国木印。1982年5月1日，许耀生将此木印捐献给太平天国侍王府纪念馆。经浙江省博物馆周其忠同志考证，太平天国木印在浙江省是第三次发现，但是护军印是全国首次发现。1995年，国家文物局专家组鉴定其为国家一级文物。

侍王府的瓦当、滴水独具文化特色。瓦当（见图3-22）上印制"太平天国"四字，以太平天国规定文字的规范制作，"国"字框内为王字。1949年时在耐寒轩屋檐上尚有保留，1974年侍王府西院维修时，在一进西次间天花板上又发现多方。此类瓦当20世纪50年代在金华乡村中的太平军驻扎地也发现了一部分。太平天国时期的滴水（见图3-23），其立面呈云纹状，中间高，两边低。正立面中间印制钱纹，边饰如意纹。

太平天国侍王府纪念馆还藏有24套太平天国政权时期的纸质文书。太平军在浙江也普遍"开仓收漕"，征收田赋，以解决财政问题。和清旧制一样，太平天国政府先发田赋通知书，称便民预知由单、漕粮预知由单等，通知农民应纳的钱粮数目。农民交了田赋以后，太平天国发给完纳漕粮执照、完银串票、漕粮纳照或尚忙条银执照作为收据。图3-24、图3-25分别为太平天国殿前又副掌率任浙省天军主将邓光明发给未桐寿、花户郁万年的完纳漕粮执

图 3-22　太平天国时期瓦当（国家二级文物）（上）
图 3-23　太平天国时期滴水（国家二级文物）（下）

照及完纳漕粮便民预知由单给执。

图 3-26 是太平天国时期听王陈炳文发给花户张正公的土地证（田凭），上面记录了发给时间、地点、领户姓名、田亩数等。此证发给土地所有者，承认其土地所有权，同时规定其遵照定制"完纳银米，不得违误"。该田凭为研究《天朝田亩制度》提供了研究材料。

图 3-27 是太平天国殿前恒顶天日顶天扶朝纲归王邓光明发给花户沈风之的尚忙条银执照。此执照长 24.6 厘米，宽 11.2 厘米，纸质泛黄，边角起毛，总体保存完整，为毛边纸竖排木刻板墨印。此件为研究太平天国赋税制度的重要文物。

图 3-28 是太平天国天朝九门御林开朝勋臣佐镇石门县僚天安邓光明发给花户张介庚的完纳漕粮便民预知由单给执。此给执长 24.7 厘米，宽 19.0 厘米，为毛边纸竖排木刻板墨印。

武器也是太平天国侍王府纪念馆中数量较多的一类文物。短刀是太平天国军队中的主要作战兵器之一。纪念馆藏的这把短铁刀（见图 3-29）刀面略宽，刀刃近刀尖处呈弧形，有铁质 S 形护首。木制手柄已损毁无存，刀身锈黄，侵蚀严重。弯弓类器物属抛射冷兵器，也是太平军的多用武器（见图 3-30）。藤盾牌（见图 3-31）以木骨作底，环环相扣，用粗藤条紧密环绕扎紧制作成圆盘状，中间凸起，周檐高起，藤牌中心留一小孔以视望敌情。藤盾牌质地坚韧，刀砍箭射均不易入。

太平天国侍王府纪念馆还藏有太平天国钱币 383 枚（见图 3-32）。太平军于癸好三年（1853 年）攻克南京（后改称天京）之后，即开始铸造自己的货币。钱币正面印制"太平天国"四字，"天"字两横上长下短，"国"字框内为"王"字，背面印制"圣宝"二字（见图 3-33）。

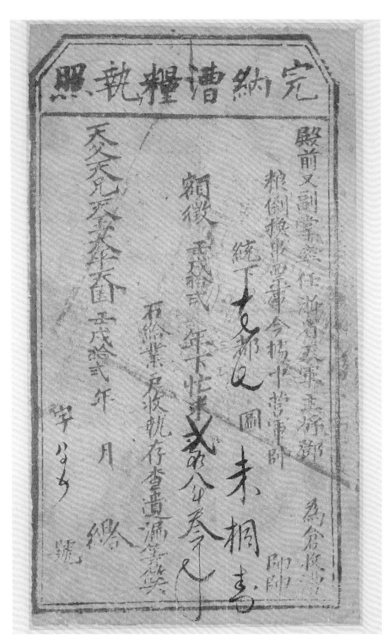

图 3-24　太平天国殿前又副掌率任浙省天军主将邓光明发给未桐寿的完纳漕粮执照（国家三级文物）

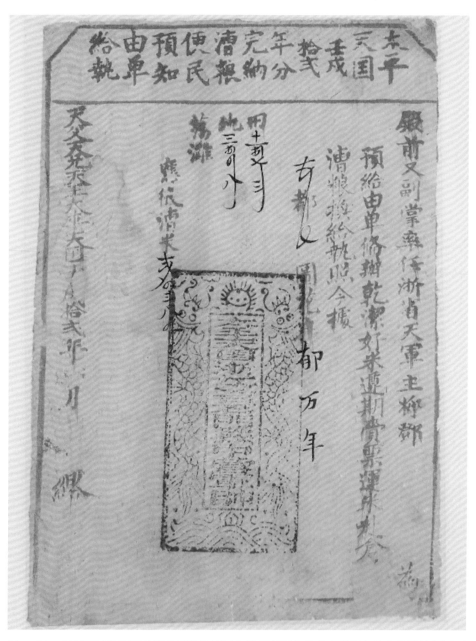

图 3-25　太平天国殿前又副掌率任浙省天军主将邓光明发给花户郁万年的完纳漕粮便民预
知由单给执（国家三级文物）

图 3-26　太平天国听王陈炳文发给花户张正公的田凭（国家三级文物）

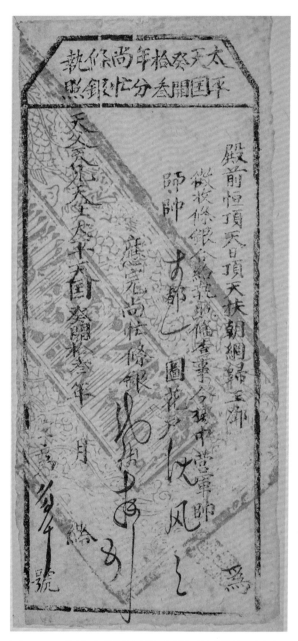

图 3-27　太平天国殿前恒顶天日顶天扶朝纲归王邓光
明发给花户沈风之的尚忙条银执照（国家三级文物）

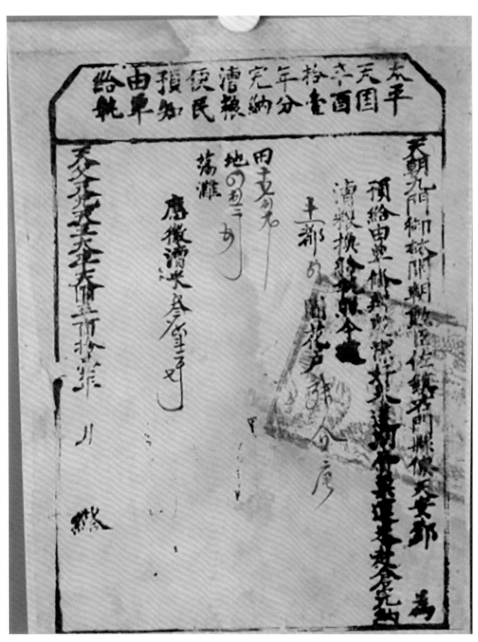

图 3-28　太平天国天朝九门御林开朝勋臣佐镇石门县僚天安邓光明发给花户张介庚的完纳漕粮便民预知由单给执（国家三级文物）

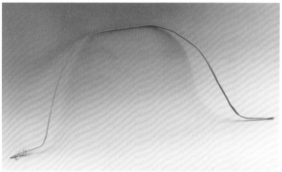

图 3-29　太平天国时期短铁刀
（国家三级文物）（上）

图 3-30　太平天国时期铁弓
（国家三级文物）（中）

图 3-31　太平天国时期藤盾牌
（国家二级文物）（下）

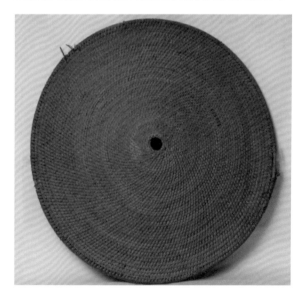

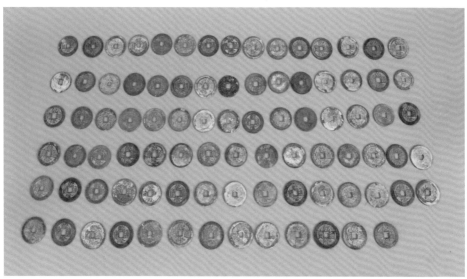

图 3-32　馆藏部分太平天国钱币（上）

图 3-33　太平天国时期"太平天国"铜制钱
（国家三级文物）正面和背面（下）

东院二进西厢后壁墙体中镶嵌着一高一低两块石碑。低者（见图 3-34）高约 2 米，碑额楷书"皇子节度使魏王诏书"，碑顶雕有螭龙，碑体正文用行书书写：

> 敕保宁军官吏军民僧道耆寿等：朕以皇子恺赐履大名，偃藩宁国，仍元衮视仪之贵，兼斋旄制阃之雄，乃眷东阳，寔居近服，缅想提封之内，当知宠命□新，凡在帡幪，式同鼓舞。今特授恺雄武、保宁军节度使，判宁国府，依前开府仪同三司，进封魏王，加食邑一千户，食实封四百户。故兹主（示）谕，想宜知悉。春暖汝等各此好否，遣书指不多及。十六日 敕 乾道七年二月日立石。

碑文大意为册封赵恺为魏王，雄武、保宁二军节度使，判宁国府，加封食邑并告谕保宁军官民父老。保宁军即金华。五代时期，婺州是吴越国的领土。后晋天福四年（939 年），婺州被升格为武胜军。军是地方行政机构的名称，是唐代藩镇制度的延续。北宋太平兴国三年（978 年），吴越国归降宋朝，保留武胜军建制区划。淳化元年（990 年），武胜军改名为保宁军。《宋史》记载，赵恺为宋孝宗赵昚次子，庄文太子赵愭之弟，宋光宗赵惇之兄。赵恺的兄长太子赵愭去世后，按照长幼顺序，应立赵恺为太子。但孝宗因为赵惇"类己"，越过赵恺，改立三子赵惇为太子。也许是出于对赵恺的愧疚之情，作为补偿，孝宗给他加官晋爵，加雄武、保宁军节度使，进封魏王，判宁国府。同时，加封食邑，赏赐黄金。诏书碑反映的正是这段历史。

万历《金华府志·赐爵》中载有"魏王恺"条目，并记有"本府大司内有刻石敕书一道，陷立一公堂后壁，乃乾道间晓谕官吏军民者也"。志中摘录了一段碑刻原文，与诏书碑内容一致。可见早在明万历六年（1578 年）《金华府

图 3-34　"皇子节度使魏王诏书"碑
注：上左为石碑，上中为石碑细节，上右为石碑正射影像图，下为碑额细节。

志》编纂完成之前，诏书碑就已经嵌在侍王府旧址的墙体内了。

两碑中高者（见图3-35）高约2.5米，碑额篆书"题名记"，正文亦为楷书书写：

> 婺自唐□□钱氏保有，更历五代□□。国初太平兴国三年，钱氏纳其土，朝廷始以阎象知节度事，大距今六十有九年，来为州者三十有四人，其人之贤不贤，其政之善不善，前此者未可知也，后此者可知也。然则何如？曰贤人善政在民不在吏，不贤人不善政在吏不在民。自象而下可知也。自咏而下，虽百世可知也，来者得不念之哉。故悉书其官氏名于石。时庆历丙戌岁（1046年）立冬日，领郡事关咏记。

碑文大意为为官自省。《题名记》碑为钱俶纳土归宋后婺州第35任州官关咏所立。自第一任金华州官阎象开始，至北宋末年战乱前最后一任州官许德之，共72位金华州官，无一遗漏，无一贪官。

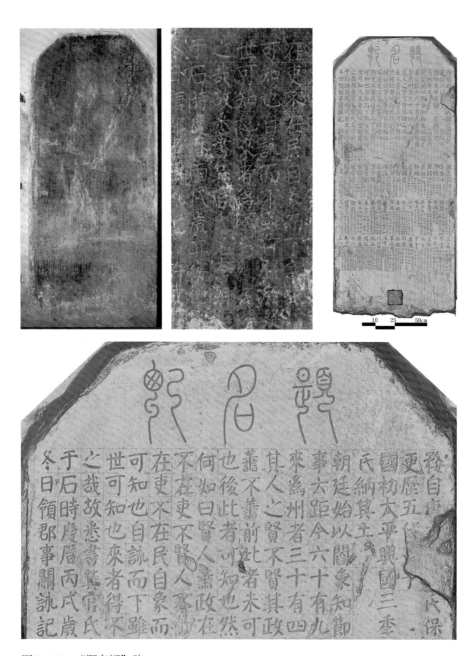

图 3-35　"题名记"碑

注：上左为石碑，上中为石碑细节，上右为石碑正射影像图，下为石碑文细节。

第四章

重门彩旆：侍王府的建筑

## 第一节　宫殿峥嵘

　　自洪秀全而下，太平天国封王数千，但因文化、制度、地方习俗等不同因素，其王府形制特征均存差异。太平天国战败后，大多数的王府建筑或毁或改，已不复原貌，再加上清朝对这段历史的极力掩盖，部分历史文献已经丢失。侍王府作为保存最为完整的王府之一，通过其布局可以看到历代官署建筑对王府制式产生的影响。

　　太平天国侍王府纪念馆东院中轴线原是三国两晋东阳郡、金华郡，南朝婺州、缙州，隋唐五代两宋婺州，元代浙东海右道肃政廉访司、浙东道宣慰使司、婺州路的官署所在地。明清设大司于此，大司指按察分司、御史行台、察院行台。明代大司建筑由申明亭、旌善亭、大门、仪门、正厅、后堂、穿堂、厢房等组成，正厅匾额为澄清堂。清代大司建筑由谯楼、保宁门、浙东第一台牌坊、和硕康亲王碑亭、照壁、大门、仪门、正厅、后堂、穿堂、厢房等组成，正厅匾额为廉威堂，后堂匾额为宋自公堂，清试士院也设于此。明清时的金华府署位于太平天国侍王府纪念馆西院南方，其建筑群有承宣牌楼、墙门、大门、仪门、露台、甬道、正厅（成化时匾额为总政堂，万历时匾额为忠爱堂，清代匾额为宣化堂）、东西耳房（东为军器库，西为昌济库）、后堂（清代匾额为义理兼制之堂）、穿堂、退省堂、东西史房（六曹库房）、左右榜房、官宅、吏舍、经历司、照磨所、架阁库、清军厅、管粮厅、理刑厅、司狱司、亲贤堂、土地祠、大观亭等组成，今已不存。

咸丰十一年（1861年），太平军进入金华城，试士院等建筑改为太平天国侍王府。太平天国运动失败以后，侍王府西院又改为通判署、经历署。太平天国侍王府在改建过程中为了体现天王居所的等级秩序，采用两条中轴线并行逐步展开的空间序列，成组成排分布，房屋建筑不再呈向心式布置，而是双路纵深布局。虽太平天国诸匠营和百工衙制度将手工业工人按其行业与技能分别编入诸匠营和百工衙，设立典官组织与管理生产，并尤为重视手工业工人，称木匠、瓦匠、铜铁匠、吹鼓手为英雄人物，但在劳师动众、大刀阔斧的改建下，仍未跳脱出原有建筑规制的框架，仍是以清朝建筑为原型，以传统封建思想为指导，对改建后的王府的形制格局具有一定程度的限制。

侍王府（见图4-1）分东、西两院。东院建筑式样为宫殿建筑，多重建筑在一条中轴线上，建筑依地势而建，为侍王府的主体建筑。经李世贤修建后，至今仍保存当年殿堂式的雄伟气派。沿中轴线由南向北依次分布照壁、大门、甬道、仪门（遗址）、东西廊庑（遗址）、大堂（大殿/议事厅）、穿堂、二堂、过廊及耐寒轩，轴线为正南北向，地势由低至高，逐级而上。最南是照壁，照壁后是东院的大门，原大门东、西各有辕门，过大门是甬道，有石板平铺而上至大堂。大堂清代叫廉威堂，是当年太平军首领举行军事会议的地方，故也叫议事厅，堂内原有一暖阁（讲道台）。过大堂即为二堂，"中为廉威堂，后为自公堂"，故二堂也叫自公堂，为清嘉庆年间重修。二堂两侧为东、西耳房。大堂与二堂之间为廊式过厅，其建筑与大堂、二堂组成"工"

图 4-1　侍王府建筑整体布局

字形。"工"字形长廊在建筑组群中，通过前后两进甚至前后多进之间以穿廊连接形成"工"字殿组群的方式，增加了建筑内部空间，使得主体建筑气势恢宏。东院的最后一进名耐寒轩，由清光绪年间金华知府陈文骥题匾额，耐寒轩共有九间，为一字形建筑。

东院建筑主体共三进，通面阔 27.3 米（以大堂计）。大堂北面、穿堂两侧各有天井；二堂东、西两翼各接厢房，并与耐寒轩东、西厢北接，围合形成穿廊两侧的天井。东院建筑西面以跨院与西院相接，东面为院落和侍王府围墙，北侧为后花园。照壁为砖石仿木结构，位于大门正南 33.8 米。照壁东西通长 24.5 米，南北通宽（厚）2.6 米，通高 10.8 米（见图 4-2）。

照壁在结构上可分为上、中、下三个部分，作龙、凤主题石雕。上部为壁顶（见图 4-3），高 1.9 米，主要由瓦砌筑而成，以四层平砖叠涩和四层花砖与平砖相间叠涩出檐，雕作檐椽、飞椽、连檐、望板，采用五脊顶。壁顶和壁身之间南面为灰塑（见图 4-4），北面为砖雕；中部为壁身，高 7.1 米，厚 1.0 米，略有收分，壁身内部由砖砌筑而成，白灰抹面，中心原嵌饰石雕团龙（现藏于文物库房），东、西两端砌方形讹角柱，设鼓凳式柱础；下部是壁座，高 1.4 米，为束腰和上下枋带雕刻的须弥座，其壁身内部由砖砌筑而成，外部由石雕砌筑（见图 4-5）。须弥基座部分埋藏于地下，高 0.3 米。

照壁的阴阳两面均作雕饰。阳面向南，石基座的上枋和下枋为素面，南面束腰中间浅浮雕刻双夔捧寿，左右浅浮雕刻蝙蝠寿桃和仙鹤寿桃（见图 4-6）。蝙蝠在古代有长寿之意，寿桃又是人们祈求长寿不可或缺的吉祥图案，蝙蝠、仙鹤与寿桃结合在一起更加强化了人们对于延年益寿、长命百岁的渴望。

墙身东、西两根方形柱面上各浮雕祥龙祥云，龙头朝内昂起（见图 4-7）；额枋为灰塑，中间雕饰双龙戏珠，左右为丹凤朝阳、仙鹤寿桃等（见图 4-8、图 4-9）。

图 4-2　侍王府照壁

注：上为阳面（南面），下为阴面（北面）。

图 4-3　侍王府照壁上部细节
（上）

图 4-4　侍王府照壁灰塑细节
（双龙戏珠）（中）

图 4-5　侍王府照壁石雕细节
（下）

图 4-6　照壁浅浮雕
注：上为蝙蝠寿桃，下为仙鹤寿桃。

图 4-7　照壁浅浮雕细节（祥龙、祥云）
注：左为南面西柱柱面，右为南面东柱柱面。

图 4-8　照壁额枋细节（丹凤朝阳）

图 4-9　照壁额枋细节（仙鹤寿桃）

阴面朝北，面对侍王府大门。基座的上枋浅雕仰莲，下枋浅雕缠枝花卉。束腰中间高浮雕双龙戏珠，左右各高浮雕双凤牡丹、仙鹤寿桃、双狮抢球。额枋上嵌有砖雕：中间为双狮抢球，两旁各为将军出巡，图左一组群鹿，图右一组群麟。檐下第二层平砖饰仰莲。原嵌在墙身中央的石雕团龙，直径124厘米，厚26厘米，由一整块青石雕刻而成。中心为镂空透雕，龙体盘踞中心，龙身作环曲状，五爪伸张，龙眼突出，龙须翻翘，须中镂空。外沿用六块石雕围镶，六块石雕凸雕五只飞翔的蝙蝠，寓意五福吉祥。

侍王府大门（见图4-10）及东、西耳房复建于1998年（1999年1月开放）。大门面阔三间，通面阔15.6米，其中，明间面阔6.2米，东、西次间面阔4.7米。大门通进深7.8米，单檐，硬山造，正脊高8.6米，采用抬梁穿斗结合式承重结构，共用四缝梁架。明、次间梁架均为分心五架，前后双步，用三柱，通进深7.8米。檐廊柱进深方向置卷草纹牛腿，上置插叶承托挑檐桁，面阔方向置回纹雀替，上承额枋间设工字栱，明间额枋下悬"金华府"牌匾（见图4-11）。明间及东、西次间中柱间均设实榻门二扇，门上均设二对户对，门下设石门槛。共用十二柱，均为木直柱，采用素面鼓墩式柱础及鼓镜式柱顶石。台基高1.4米，以青石条砌，阶条石宽0.4米，南面正中设八级踏步，两侧垂带石宽0.4米。方砖错缝地面。屋盖用圆椽，施望砖，小青瓦屋面，屋脊为小青瓦清水垒脊。大门东、西对称布置耳房，单开间，面阔均为4.9米。采用穿斗结构，六桁五柱。与大门通檐，房门北向。

光绪《金华县志》记载，大门往北至大堂之间应设仪门及东、西廊庑。2014年，已按考古勘探发现的遗址（遗迹）位置复原其台基。台基距大门17.5米，高0.4米，通面阔8.0米，通进深35.8米，方砖错缝铺地。

大殿（又称大堂、议事厅）面阔五间，通面阔27.6米（见图4-12）。其中，明间面阔7.0米，东、西次间面阔5.1米，东、西梢间面阔5.2米。单檐，

图 4-10　侍王府大门

注：上为大门外，下为大门内。

硬山造，采用抬梁穿斗结合式承重结构，共用六缝梁架。明、次间用十一桁五柱，五架梁，前轩廊后双步带单步，通进深16.2米，明间檐柱以穿堂与二堂相连。五架梁扁作，两端刻回纹，上置角背，下施回纹梁垫，其上立瓜柱，承上金桁及三架梁，梁下两端置回纹梁垫，再上立脊瓜柱、插叶及雀替，托脊桁。后金桁与金枋间施工字栱二攒，其余各间置一攒，工字栱上有彩绘。东次、梢间前金桁与金枋间以竹编夹心墙相连，上遗留彩画5幅。前廊柱与前金柱间设人字坡顶轩廊，架双步轩梁，两端雕刻鱼鳃纹，下置扇形梁垫，雕饰游鱼、蔬果、花卉等图案，梁心绘有彩画，已模糊。双步梁上立瓜柱，柱间设月梁，两端雕刻鱼鳃纹，下置扇形卷草纹饰梁垫，梁上承坐斗、插叶和雀替，托下金桁。前廊柱外出牛腿、琴枋，琴枋上立坐斗，承以插叶、雀

图4-11　"金华府"牌匾

图 4-12 议事厅

替及单步梁，以托挑檐桁。明间牛腿透雕仙女、凤凰（见图 4-13）以及仙人、仙鹤（见图 4-14），其余四处牛腿双面雕饰回纹，琴枋、刊头雕饰佛手、仙桃。后里金柱与后外金柱间设双步扁作梁，两端雕刻回纹，下置三角形回纹梁垫。梁上立瓜柱，承插叶、雀替及下金桁。明间后外金柱间设屏风墙，正面为平板式，反面制成六扇门形，上置工字栱二攒。后檐柱间上端以枋板相连，置工字栱。梢间梁架为穿斗式，用十一桁六柱，脊柱落地，穿枋上立莲花瓣底瓜柱以承上金桁，东侧穿枋上存 6 幅彩画。共用三十二柱，均为木直柱，采用素面鼓墩式柱础及鼓镜式柱顶石。台基较甬道高 0.1 米，以青石条砌，阶条石宽 0.4 米，前有深 0.5 米明沟以积檐水。方砖错缝地面。轩廊用方

图 4-13　议事厅明间牛腿细节（仙女、凤凰）

椽，其余部分屋盖用圆椽，施望砖，小青瓦屋面，屋脊为鱼鳞纹玲珑脊，屋脊两端置鸱尾，檐角置龙形垂脊兽（见图 4-15）。

　　穿堂（见图 4-16）面阔三间，通面阔 10.3 米，两金柱间面阔 5.9 米，进深四柱，通进深 12.4 米，重檐，硬山造，南北向，正脊高 8.5 米，采用抬梁式承重结构。金柱间设扁作五架梁，上托柁墩及穿枋，柁墩上雕花卉、博古图案。金柱进深方向间置双枋，上下枋板间以棂格纹漏窗相连。金柱与檐柱间用两穿枋，泥墙间隔。共用十四柱，均为木直柱，檐柱用材较小，采用素

图 4-14 议事厅明间牛腿细节（仙人、仙鹤）

面鼓墩式柱础及鼓镜式柱顶石。方砖齐缝地面。顶部施天花，屋盖用圆椽，施望砖，小青瓦屋面。穿堂屋面与大堂、二堂相连。

二殿（见图 4-17）面阔三间，通面阔 14.2 米。其中，明间面阔 5.8 米，东、西次间面阔 4.2 米重檐，硬山造，正脊高 9.7 米，共用四缝梁架，为五架抬梁式前后双步廊，通进深 10.6 米。前檐柱与前金柱间设双步鱼鳃纹月梁，下两端置扇形蟠螭纹梁垫，梁上立瓜柱，承插叶、雀替及下金桁。瓜柱与前金柱间设单步鱼鳃纹月梁，下置扇形花卉纹梁垫。明间用五架鱼鳃纹月梁，

图 4-15　屋脊细节（鸱尾、龙形垂脊兽）

图 4-16 穿堂（上）

图 4-17 二殿（下）

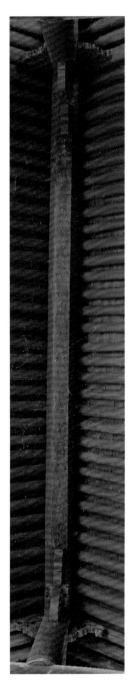

图 4-18  "大清嘉庆十九年知府吴廷琛督同阖郡绅士重建"

下施梁垫，上立瓜柱，承上金桁及三架梁，再上立脊瓜柱、插叶及雀替，托脊桁，依稀可见墨书"大清嘉庆十九年知府吴廷琛督同阖郡绅士重建"（见图4-18）。明间后金柱间间设双步穿枋及双步鱼鳃纹月梁，月梁两端下置扇形蟠螭纹梁垫，梁上立瓜柱，承插叶、雀替及下金桁。瓜柱与后金柱间设单步鱼鳃纹月梁，下置扇形花卉纹梁垫。后檐柱与廊柱间施穿枋。明间后金柱间置屏风墙，反面制成六扇门板形，上置工字栱，以承托中金桁，工字栱间以泥墙相连。共用二十六柱，均为木直柱，前后檐柱用材较小，采用素面鼓墩式柱础及鼓镜式柱顶石。两次间前檐柱间原有地栿，现仅留柱础上之凹槽。台基高0.7米，以青石条砌，明间设四级踏步。方砖齐缝地面。屋盖用圆椽，施望砖，小青瓦屋面，正脊用滚瓦花脊，屋脊两端置鸱尾，重檐角上翘。

二殿东、西山墙的南端辟拱门通东、西耳房。二殿东、西耳房面阔三间，通面阔10.7米。其中，明间面阔3.8米，东、西次间面阔6.9米。单檐，硬山造，明间用三柱，山墙用四柱，通进深8.1米。施板瓦用草架，置天花板。前檐柱下置卷草纹牛腿，上置卷草回纹琴枋。明间施海棠花纹槁扇门六扇，次间施对开海棠花纹槛窗六扇。共用十四柱，均为木直柱，采用素面鼓墩式柱础及鼓镜式柱顶石，方砖错缝地面。屋盖用圆椽，施望砖，小青瓦屋面。

过廊连接二堂与耐寒轩（见图4-19），两侧为耐寒轩东、西厢房。过廊通面阔4.5米，通进深6.2米，用五架抬梁式，施月梁，选材较小。共用四柱根，均为木直柱，柱细，采用素面鼓墩式柱础及鼓镜式柱顶石，方砖错缝地面。屋盖用圆椽，施望砖，小青瓦屋面。

耐寒轩面阔七间，通面阔约25.9米。其中，明间面阔4.3米，东、西次间面阔3.6米，梢、尽间面阔3.6米，单檐，硬山造。明、次间梁架各立五柱，梢间、山墙梁架立六柱，通进深8.0米。用草架、安天花。廊柱间施槁扇门，每两柱间各安六扇，石槛高0.2米。明间门外上方挂"耐寒轩"牌匾（见图4-20），为现代重修。共用四十六柱，均为木直柱，采用素面鼓墩式柱础

图 4-19 过廊与耐寒轩

图 4-20 "耐寒轩"牌匾

及鼓镜式柱顶石。方砖齐缝地面。屋盖用圆椽，施望砖，小青瓦屋面。耐寒轩有前廊，前廊东西各开小门一扇，西小门通后花园，耐寒轩现为展厅（见图4-21—图4-23）。

东、西院的北部是侍王府的后花园，花园大部分园林已毁，现有小部分园林是1993年重建的，后花园内保留两棵古树名木，一棵榔榆在假山上，一棵沙朴在九间楼后面。

至后花园需途经耐寒轩西首7.0米小道，上十级踏步，踏步总高1.5米。后花园为后来重建，占地为原来的1/3左右，约250平方米。后花园南侧以一条长44.0米的小径通东、西两院。小径南端植槐树、杉树、女贞、夹竹桃，小径北端由东而西依次为竹林、后门、小山坡、池塘。小山坡称披仙台，高7.8米左右，顶部平坦，上植林木，灌木丛生（见图4-24—图4-27）。

西院为侍王府住宅式建筑，在原明代千户所遗址上重建（见图4-28）。西院建筑布局严整，木雕精美，保留了丰富的壁画、彩画遗迹。西院现存壁画95幅，彩画358幅。这些壁画与彩画有一部分以歌颂太平天国革命为内容，更多的是以勇猛强悍、富有战斗力的飞禽走兽和吉祥的民间传说为题材，同时饰有各种图案，富丽堂皇，与整个建筑融为一体。

西院共为四进，在同一中轴线上，整个建筑左右对称，呈现传统建筑风格。西院现保存完整。第一进分为门厅及东、西厢房；第二进为西院的主要建筑即前厅（小花厅），梁、枋、柱、檩都满施彩绘，墙上都绘有壁画；第三进传说是侍王的住房，其格局与二进相仿，现保留部分彩画；第四进是楼屋，共九间。西院布局合理，是适合居住、会客、办公之处。

图 4-21  耐寒轩展厅入口处及其内部

图 4-22　耐寒轩展厅东侧部分展柜（上）

图 4-23　耐寒轩展厅西侧部分展柜（下）

图 4-24　后花园小径西向东视角（上）

图 4-25　后花园池塘景象（下）

图4-26　后花园凉亭（上）

图4-27　后花园小径从东向西视角（下）

第一进门厅（见图4-29）面阔三间，明间面阔4.6米，东、西次间面阔3.9米，单檐，硬山造，正脊高约7.6米。采用抬梁穿斗结合式承重结构，共用四缝梁架。明间用七桁四柱，进深8.0米。廊柱与中柱间施扁作梁承坐斗托异形梁，上托轩桁承蝼蝈椽，呈船篷轩顶，梁身内外侧均作雕饰，梁下两端置扇形梁垫。廊柱外出牛腿、琴枋，琴枋上承坐斗，立插叶、单步梁和两跳插栱承短机，以托挑檐桁，四处牛腿自西向东分别透空镂雕为福、禄、寿、喜（见图4-30）。福、禄、寿、喜是天界分别掌管降福施祥、功名利禄、寿命、吉祥的四神：福，意为幸福美满；禄，古代官吏的俸给叫禄，如俸禄、食禄、高官厚禄，意为加官晋爵、升官发财；寿，意为健康长寿，寿星通常手拿长寿仙桃，民间也多用长寿动物如龟、鹤、鹿或松柏等作为寿的标记；喜，意为欢乐喜庆，多用双喜图案、鸳鸯、喜鹊、并蒂莲等来表示。福、禄、寿、喜共同代表了人们理想中的最高祈盼，包含着人们对生活的期盼和祝愿。

明间中柱与后金柱间设扁作双步梁，托柁墩、雕花板承双步梁，下两端置扇形梁垫；后金柱与檐柱间设扁作单步梁，托柁墩、雕花板承单步梁，下两端置扇形梁垫。次间用七桁四柱，前廊做法同明间。中柱与后金柱间设扁作双步梁，下置穿枋；后金柱与檐柱间设扁作单步梁，下置穿枋。明间后金柱间置屏风墙，反面制成六扇门板形，上置工字栱，以承托后金桁，工字栱间以泥墙相连。山墙梁架为穿斗式，用六柱八桁，脊柱落地，穿枋上立鹰嘴榫瓜柱承上金桁。门厅（含前廊）凡用柱十六根，皆木质圆柱，柱头平杀，柱下均垫素面鼓墩式柱础，厅内地面为正方形青砖墁地。

西院一进门厅内（见图4-31）壁画风化较严重，大门外现存壁画共计4处，即《太平有象图》《云龙图》《群蝠拱寿图》《太狮少狮图》。

《太平有象图》如图4-32所示。"象"与"祥"字是谐音，象也因此成为吉祥的象征，以象驮宝瓶（平）为太平有象，以象驮插戟（吉）宝瓶为太平

图 4-28　侍王府西院建筑鸟瞰（上）

图 4-29　第一进门厅全景（下）

图4-30 牛腿福、禄、寿、喜
注：左上为福，右上为禄，左下为寿，右下为喜。

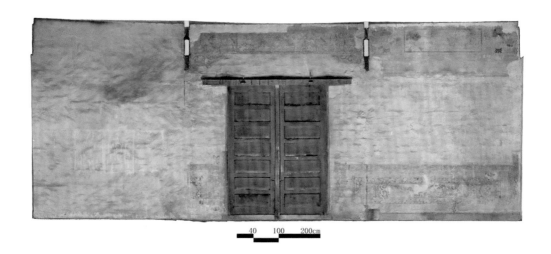

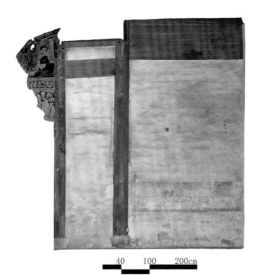 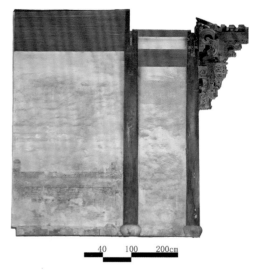

图 4-31　西院第一进正射影像图

注：上为门厅内，左下为门厅内东侧，右下为门厅内西侧。

图 4-32 　《太平有象图》

吉祥，以童骑（吉）象为吉祥，以象驮如意或象鼻卷如意为吉祥如意。古人云"太平有象"，寓意吉祥如意和出将入相。大象的鼻子可以吸水，在中国的五行文化中，水主财，因此大象也成为招财进宝的象征。[1]

《云龙图》如图4-33所示。游龙抬首傲视，龙须飞扬，趾爪锋利，叱咤风云，其周围大笔挥洒而出的云雾，烘托出祥龙的动势和气场。

《群蝠拱寿图》如图4-34所示。众蝙蝠绕门盘旋在"寿"字周围，符合我国传统纹样的追求——"图必有意，意必吉祥"。就蝙蝠纹来说，蝙蝠之"蝠"字谐音"福"与"富"字，包含了人们所能想象到的人生的全部吉祥寓意，包括长命百岁、荣华富贵、健康安宁、行善积德、人老善终等。蝙蝠纹与寿纹结合，强化了人们对延年益寿的渴望。

《太狮少狮图》（见图4-35）又称《双狮抢球图》，"太狮""少狮"（大小二狮）谐音古代的两种高官，用以祝颂人做官而升高位。"太狮""少狮"即"太师""少师"，古代"狮""师"二字相通。"太师"是古代的高官名，为三公之首。三公即太师、太傅、太保。在中国历史上，三公之设很早，早在西周时期就已经设立。《史记·鲁周公世家》说："成王在丰，天下已安，周之官政未次序，于是周公作《周官》，官别其宜。"

门厅内墙绘壁画有6处，包括《樵夫问钓图》（见图4-36）、《八仙赴会图》（见图4-37）、《鸳鸯荷花图》（见图4-38）及部分未命名壁画等。彩绘均为无枋心海墁式，大门轩廊廊柱柱身彩绘多漫漶不清或消失，部分柱头彩绘直箍头及龟背纹，少数柱身残留云蝠纹（见图4-39）。大门门框内侧两边（见图4-40）均绘龙纹，朱地乌身，伴火焰纹、祥云纹、龙发、龙鳞清晰可见，以铅白勾线；顶部（见图4-41）中心绘卷草纹，两侧饰祥云纹。吉祥文

---

[1] 赵序茅."动物中国"系列科普读物 大地之语 [M]. 兰州：兰州大学出版社，2023：146.

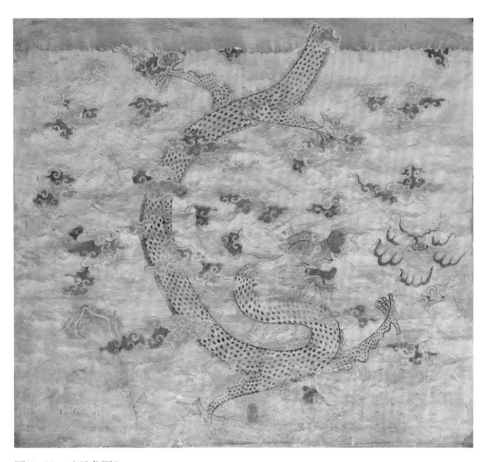

图 4-33 　《云龙图》

图 4-34　《群蝠拱寿图》

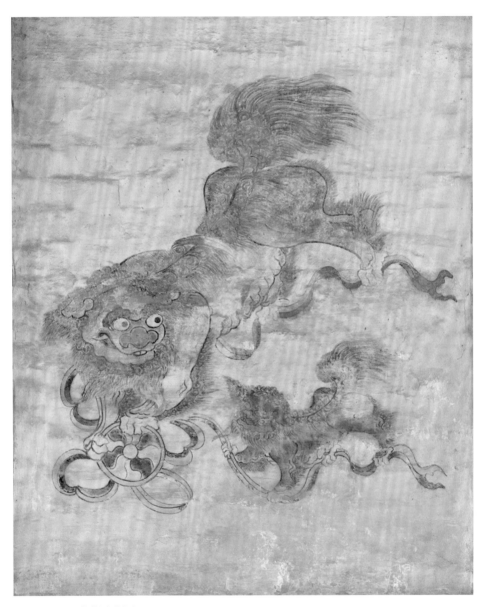

图 4-35 《太狮少狮图》

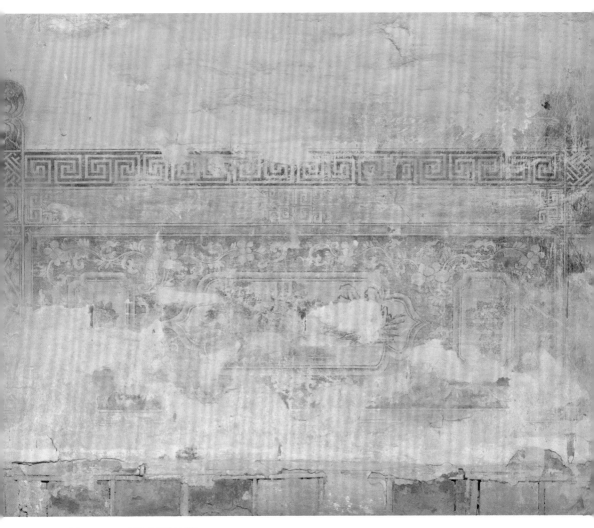

图 4-36　《樵夫问钓图》

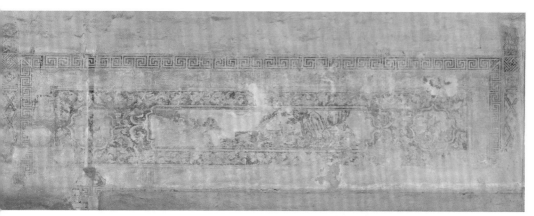

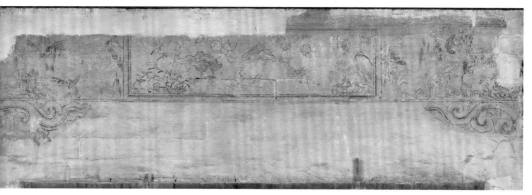

图 4-37 《八仙赴会图》（上）
图 4-38 《鸳鸯荷花图》（下）

化映射在侍王府的各个角落中，在表现形式上多为传统题材，但在设计上新颖多变，打破惯例的同时，也保留了传统形象的特点。

第一进东、西耳房对称布置，面阔三间。其中，明间面阔 3.4 米，东、西次间面阔分别为 2.2 米。单檐，硬山造，正脊高约 7.6 米。采用抬梁穿斗结合式承重结构，共用四缝梁架。耳房明、次间用十桁五柱，山面进深共五间，通进深 8.1 米。前外金柱与廊柱间施扁作单步梁托柁墩、雕花板承穿枋，廊柱外出牛腿、琴枋，琴枋上承坐斗，立插叶、单步梁和雀替，以托梓桁。里、

图 4-39　第一进门厅与穿廊处

图 4-40　第一进大门门框左侧和右侧

外前金柱间设扁作单步梁，梁身内外侧均作雕饰，梁下置扇形梁垫，上搭穿枋。后金柱与檐柱间施扁作双步梁，梁下置扇形梁垫，上设双步梁立金瓜柱，搭穿枋与后金柱连接。东、西耳房各用柱二十四根，皆木质圆柱，柱头平杀，明间门前西侧柱下垫素面鼓墩式柱础、鼓镜式柱顶石，其余均为素面鼓墩式柱础。耳房内地面为正方形青砖墁地。

图 4-41　第一进大门门框顶部

东、西耳房南墙护檐下用砖隐作额枋，每边各有三块石雕，中间为双龙戏珠（见图 4-42），两侧为荷花水鸟（见图 4-43）及二人游赏风景之图案。额枋上用六层花砖与平砖相间叠涩出檐，额枋两端下面用砖隐作雀替和丁头栱，并在两额枋间施垂莲柱。

西院第一进西厢房室内东壁存《双猫秋菊图（猫蝶图）》（见图 4-44）、《樵夫挑刺图》（见图 4-45）、《教子送书图》（见图 4-46）、《瓶花卧狗图》（见图 4-47）；东厢房室内西壁为《凤凰牡丹图》（见图 4-48）、《农舍远山图》（见图 4-49）、《庭院梧桐图》（见图 4-50）、《八仙聚会图》（见图 4-51）；东厢房室内有《竹雀秋菊图》（见图 4-52）、《黄初平叱石成羊图》（见图 4-53）、《梧桐牡丹图》（见图 4-54）；东厢房室内东壁绘《玉兰牡丹图》（见图 4-55）及部分未命名壁画等。

图 4-42　护檐下砖雕（双龙戏珠）（上）

图 4-43　护檐下砖雕（荷花水鸟）（下）

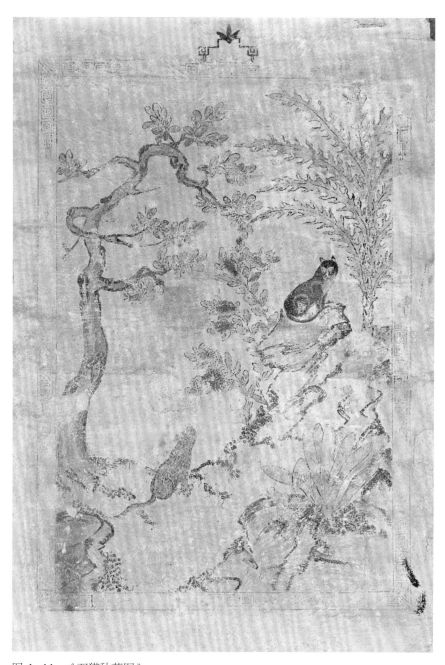

图 4-44 《双猫秋菊图》

图 4-45 《樵夫挑刺图》

图 4-46　《教子送书图》

图 4-47 《瓶花卧狗图》

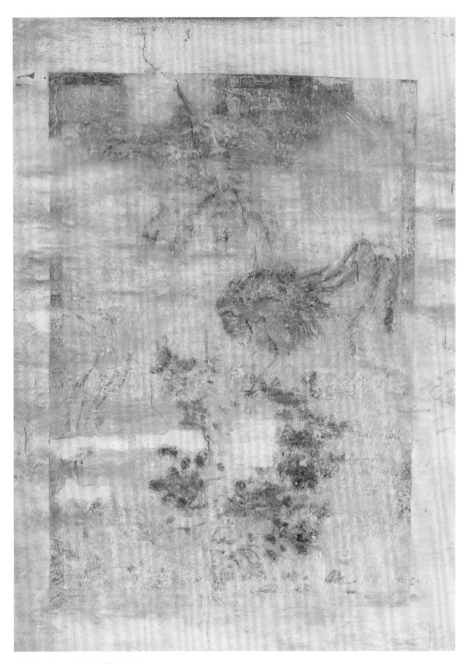

图 4-48　《凤凰牡丹图》

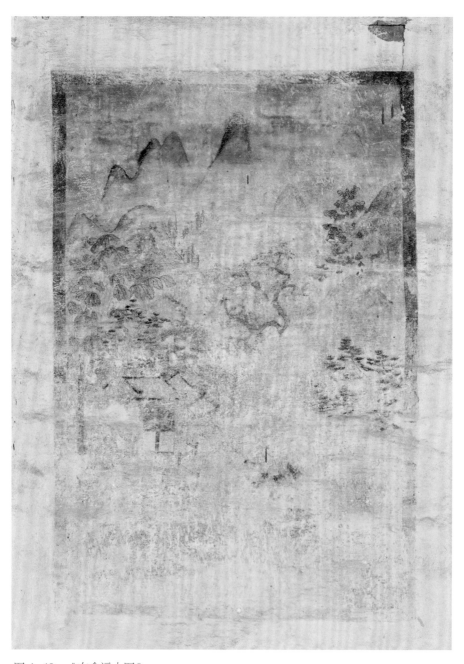

图4-49 《农舍远山图》

图 4-50　《庭院梧桐图》

图 4-51　《八仙聚会图》

图 4-52　《竹雀秋菊图》

图 4-53  《黄初平叱石成羊图》

穿廊（见图 4-56）连接第一进与第二进，使其构成"工"字形。面阔一间，通进深 14.6 米，梁架为五架，前后用二柱。柱间施扁作梁，梁身内外侧均作雕饰，梁下置扇形梁垫，梁上立脊瓜柱、金瓜柱，其间以穿枋连接。穿廊凡用柱八根，皆木质圆柱，柱头平枺，下均垫素面鼓墩式柱础，廊内地面为正方形青砖墁地。彩绘均为海墁式。梁架天花板上以朱色、墨色绘暗八仙纹。廊柱间梁上绘云蝠纹，墨色勾线。

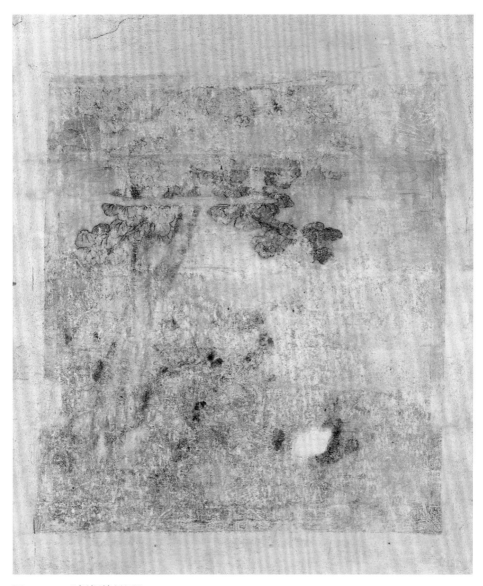

图 4-54 《梧桐牡丹图》

图 4-55 《玉兰牡丹图》

图 4-56　第一进与第二进之间的穿廊
注：上为全景，下为侧面景象。

第二进正厅（俗称小花厅）面阔三间，西次间为现代复建（见图4-57、图4-58）。明间面阔4.6米，东、西次间面阔分别为3.9米，单檐，硬山造，正脊高约7.2米，采用抬梁穿斗结合式承重结构，共用四缝梁架。明间用十桁五柱，进深9.1米。梁架为九架前后用双步梁。廊柱与前外金柱间施扁作单步梁承坐斗托荷包梁，上托轩桁承蝼蝈橡，呈船篷轩顶，梁身内外侧均作雕饰，梁下两端置扇形梁垫。廊柱外出插栱，上承坐斗、立插叶、单步梁和两跳插栱，以托天花枋。前外金柱内出插叶，与前里金柱间施单步月梁承坐斗，立插叶、单步梁和两跳插栱，以托下金桁，月梁两端雕刻鱼鳃纹，下置扇形梁垫。前里金柱与后柱间施四步月梁承坐斗，立插叶、两跳插栱托短机承双步月梁，月梁两端雕刻鱼鳃纹，下置扇形梁垫，再托坐斗立两跳插栱承短机以托脊檩。后金柱内出插叶，与檐柱间施月梁承坐斗，立插叶、札牵和两跳插栱承短机，以托下金桁，月梁两端雕刻鱼鳃纹，下置扇形梁垫，梁垫下搭穿枋。次间用十桁六柱，廊柱与前外金柱间做法同明间。前廊柱外出插栱，上承坐斗、立插叶、单步梁、两跳插栱承短机，以托挑檐桁。前外金柱内出插叶，与前里金柱间施月梁承坐斗，立插叶、单步梁和两跳插栱，以托下金桁，月梁两端雕刻鱼鳃纹，底部置扇形梁垫，下搭穿枋。前里金柱、后金柱与中柱间均置穿枋，上立金瓜柱，与脊瓜柱间亦牵穿枋。檐柱与后金柱间做法与前里、外金柱间相同。正厅内凡用柱二十二根，皆木质圆柱，柱头平杀。明间门外西侧为海棠纹鼓式柱础，明间西侧现存有瓜楞纹柱础及柱顶石，厅内地面为正方形青砖墁地。正厅东、西壁均有壁画，根据梁柱结构对墙面的分割，形成不同画幅（见图4-59）。

前廊存壁画《青狮图》（见图4-60）、《白象图》（见图4-61），西面山墙可见《双色彩云图》（见图4-62）、《云蝠图》（见图4-63）、《喜鹊登梅图》（见图4-64）、《松鹤灵芝图》（见图4-65）、《云蝠双桃图》（见图4-66）、《瓶

图4-57　第二进正厅（小花厅）

花盆景图》（见图4-67）等，西壁有《夏季捕鱼图》、《冬季捕鱼图》、《双色彩云图》（见图4-68）、《"棋"图》（见图4-69）、《鲤鱼跳龙门图》（见图4-70），北壁尚存《军营望楼图》《王府图》等，东壁则绘《柏鹿凤凰图》（见图4-71）、《秋季捕鱼图》、《春季捕鱼图》、《"书"图》（见图4-72）、《蛟龙出水图（鲤鱼成龙图）》（见图4-73）。彩绘均为无枋心海墁式。正厅次间柱柱身多施云蝠纹，墨色勾线；穿枋上以朱砂、墨色绘暗八仙纹。明间梁、桁、枋上常绘云蝠纹、卷草花卉纹、祥云纹，部分桁条箍头饰云头火焰纹。

图 4-58　正厅（小花厅）东、西次间

图 4-59 第二进正厅东、西壁正射影像图

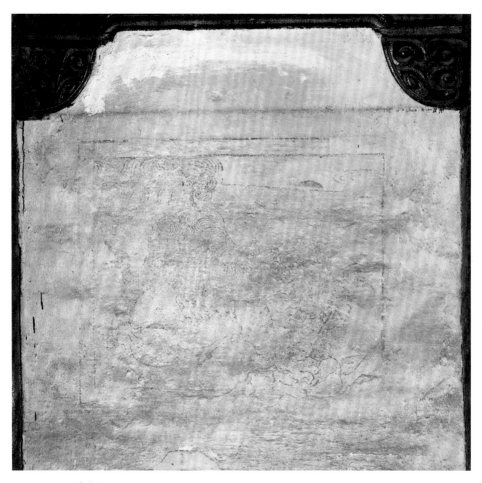

图 4-60　《青狮图》

第二进东、西耳房对称布置，西耳房曾经修缮。面阔均为 8.0 米，东厢房东、西两次间面阔均为 2.4 米，西厢房东、西两次间单檐，硬山造，正脊高约 7.2 米。室内用天花板，梁架为草架，采用抬梁穿斗结合式承重结构，共用四缝梁架。

图 4-61　《白象图》

　　明、次间用六柱十桁，脊柱落地，穿枋上立瓜柱以承金桁。廊柱和前外金柱间施扁作双步梁，梁身内外侧均作雕饰。廊柱外出插栱，上承坐斗，立插叶、单步梁和两跳插栱，以托挑檐桁。

　　东、西耳房各用柱二十二根，皆木质圆柱，柱头平杀，柱下均垫素面鼓墩式柱础。耳房内地面为正方形青砖墁地。明间施槅扇门，在东、西两侧墙上安置槛窗。明间为三扇桶扇门，次间为四扇花格窗。东、西两次间的后檐额枋上施两攒斗栱，明间后檐墙辟门，通往三进。

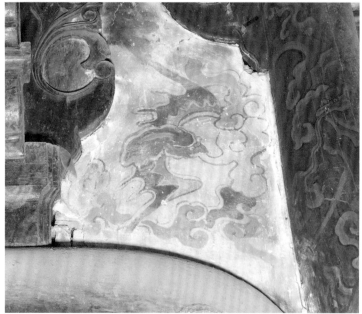

图 4-62　《双色彩云图》（上）
图 4-63　《云蝠图》（下）

图 4-64　《喜鹊登梅图》

　　东耳房（见图 4-74）西壁现存壁画《桃树蜂猴图》（见图 4-75）、《寒山读书图》（见图 4-76）、《樵夫归憩图》（见图 4-77）、《三阳开泰图》（见图 4-78）等。其中，《桃树蜂猴图》保存最为完好。东耳房存有无枋心海墁彩画、枋心堂子画两类彩绘。东次间穿枋上彩绘全数漫漶或消失，东、西次间柱柱身图案不清，残余朱砂、金色、墨色。东耳房前廊西面金柱间枋上绘有枋心堂子画，枋心绘《山水图》《清供图》《博古图》《麟鹰图》等，饰卷草纹与祥云纹组合藻头。

　　第三进面阔七间，中间三间为厅堂建筑，东、西各为二开间耳房。中厅（见图 4-79、图 4-80）面阔 12.7 米，东、西耳房均面阔 7.7 米。单檐，硬山造，正脊高约 9.1 米。采用抬梁穿斗混合式承重结构，共用四缝梁架，彻上明造，设拱背式封火山墙。明间用八桁四柱，九架前后双步梁，进深约 7.5 米。前廊柱与前金柱间施扁作梁承坐斗托荷包梁，上托轩桁承蝘蝈椽，呈船篷轩顶，梁身内外侧均饰浮雕如回纹蟠螭花卉、瓶案及书卷等，梁下两端置花卉纹

图 4-65　《松鹤灵芝图》

图 4-66　《云蝠双桃图》（上）

图 4-67　《瓶花盆景图》（下）

图 4-68 　《双色彩云图》

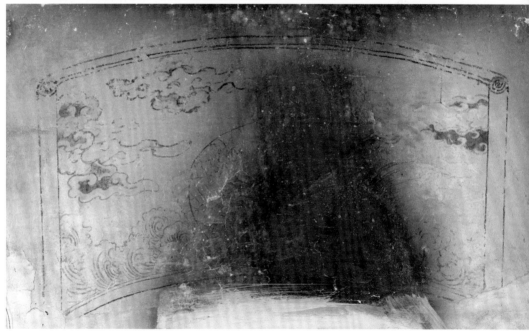

图 4-69　《"棋"图》（上）

图 4-70　《鲤鱼跳龙门图》（下）

图 4-71　《柏鹿凤凰图》

图4-72　《"书"图》（上）
图4-73　《蛟龙出水图》（下）

图 4-74　第二进院东耳房

梁垫。前廊柱外出插栱，上承坐斗，立插叶、单步梁和雀替，以托挑檐桁。前金柱和后金柱间设五架梁，两端刻鱼鳃纹，上置角背，下施扇形卷草纹梁垫，其上承两只坐斗和异形栱承托三架月梁的两端，两端刻鱼鳃纹，梁下两端置扇形卷草纹梁垫，再上置一只坐斗和变形的抹额栱稳固脊檩。后金柱与后檐柱间设扁作双步月梁，两端雕刻鱼鳃纹，下置扇形万字纹梁垫。梁上承坐斗，立卷草纹插叶、单步梁和雀替，以托下金桁，下金桁两端阴刻如意头。次间山墙为抬梁穿斗混合式承重结构，用九桁五柱，脊柱落地，穿插枋上立瓜柱以承上金桁。插叶以浅浮雕雕刻卷草纹；雀替出两跳丁头栱，以浅浮雕雕刻波纹。

图 4-75　《桃树蜂猴图》

图 4-76 　《寒山读书图》

图 4-77 《樵夫归憩图》

图 4-78　《三阳开泰图》

中厅于1984年维修时重建，厅内用柱十四根，皆木质圆柱，前廊柱为素面鼓墩式柱础，其余皆为瓜楞纹柱础、鼓镜式柱顶石，地面为正方形青砖墁地。明间为六扇槅扇门，次间为花格窗。在东、西两次间的后檐额枋上施两攒斗栱，明间后檐墙辟门，通往第四进。东、西次间、梢间隔以泥墙，分隔为东、西耳房。

第三进东、西耳房（见图4-81）对称布置，各面阔两间，通面阔7.7米。单檐，硬山造，通进深9.4米，穿斗式承重结构，用六柱十一桁，脊柱不落地。前廊柱与前外金柱间施穿插枋托三架梁，上施天花板。前廊柱外出插栱，下施浅浮雕回纹牛腿组合，上承坐斗，立插叶、单步梁和雀替，以托挑檐桁。前廊西面檐柱与中间檐柱间上方桁以浅浮雕雕刻吉祥组合图案。厅内用柱

图 4-79　第三进中厅外（上）
图 4-80　第三进中厅内（下）

图 4-81　第三进东、西耳房

十五根，皆木质圆柱，柱下以素面鼓墩式柱础垫托。室内用方砖墁地。明间为六扇槅扇门，次间为六扇花格窗。室内用天花板，梁架为草架。

东耳房枋板上绘枋心堂子画，前廊天花板上为无枋心海墁式彩画，绘有蝙蝠祥云图案。前廊东面前金柱间朝南额枋上存有一幅《英雄图》（见图4-82）。西耳房于1984年复建，构架、规模同东耳房。

第四进（见图4-83、图4-84）面阔九间，通面阔约29米。其中，明间面阔3.8米，东、西一次间分别面阔3.4米、3.0米，东、西二次间的面阔3.0米，东、西梢间面阔3.1米，东、西尽间面阔3.1米，通进深7.0米。重檐二层，硬山顶造，正脊高约6.8米。采用穿斗式承重结构，共用四缝梁架，设拱背式封火山墙。一层设前廊，廊柱与前檐柱间施月梁托坨墩、桻格承双步梁，内施双步梁，上施天花板，梁端作鱼鳃纹，梁下两端置花卉纹、卷草纹或鱼纹梁垫。前廊柱外出牛腿、琴枋，琴枋上承坐斗，立插叶、札牵和雀替，以托挑檐桁。用五十柱，皆木质圆柱。柱子通体彩绘金龙，柱身朱地，绘尾朝上盘龙，金色鳞片及龙发以墨色勾线；饰墨色祥云纹，以金色勾线，但部分柱身图案已漫漶不清。柱下以素面鼓墩式柱础垫托。额枋和桁条上绘无枋心海墁式彩画及堂子画，施蝙蝠、祥云、花卉图案。台基高0.3米，以青石条砌，阶条石宽2.7米，明间、次尽间设两级踏步，次尽间设两扇槅扇门，设花格窗，为方砖错缝地面。彩绘天花板，施蝙蝠祥云纹，楼栅上置二层楼板。二层高3.5米，明间二层用穿斗式承重结构，用六桁四柱，脊柱落地，上承脊桁，穿插枋上立瓜柱以承上金桁。

图 4-82　《英雄图》
注：上为整体，中为雄鹰细节，下为麒麟细节。

图 4-83　第四进正门外、内部展厅

图 4-84　第四进正门外东侧、西侧

## 第二节　筑殿巧匠

侍王府的 95 幅壁画、358 幅彩画，不仅有反映现实生活的渔、樵、耕、读等内容，还有军事斗争题材的内容，特别是装饰图案，吉庆祥和的花鸟、山水和各种形态的龙、蝠、祥云布满整个王府宅第，绚丽堂皇，光彩夺目。在侍王府壁画当中，花鸟题材壁画是数量最多的一类，其次是山水民俗壁画，宗教题材的壁画数量不多，军事题材的壁画数量最少。侍王府壁画的代表作品有《麟凤争斗图》《麟鹰图》等，具有极高的艺术价值。据调查和传说，参与侍王府壁画、彩画绘制的有画家方绍铳（字梅生）、朱彝、陈昌贤以及泥匠陈声远等，其中又以方绍铳最为著名。

方绍铳（1841—1932 年），字梅生，金华罗店人，太平天国画家。曾任塾师，又擅长工笔，时人称呼他为花船匠，所谓花船匠即为旧时对船只作装饰绘画的一类匠人。方绍铳兄弟四人均参加太平军。因方绍铳善绘画，就担任画师，在军中从事绘画工作。侍王李世贤在金华设立侍王府，为浙江中部、南部和东部最高军事指挥部。方绍铳和东阳陈声远、金华朱彝等画师进入侍王府，绘制壁画。方绍铳等画师为侍王府创作了大量壁画，笔精墨妙，精粹灵巧，其中就包括《军营望楼图》《四季捕鱼图》《樵夫挑刺图》《蜂猴图》等。这些画都具有独特艺术风格，显示方绍铣等画师艺术水平高超。方绍铣随军到过苏州、杭州、绍兴，在那些地方也绘过壁画，人称长毛画师。太平天国运动失败后，方绍铣回到家乡。1924 年，天京陷落 60 周年，已 83 岁的方绍铣为了缅怀太平天国，怀念为太平天国革命斗争献身的英雄好汉，画了一幅《英雄图》。这幅图与侍王府西院第三进东耳房上枋上现存的《英雄图》，无论是内容、构图、笔法还是风格，都极相似。

参与侍王府壁画绘制的还有以画为生的朱彝。朱彝，名小尊，号铁岸道人，安徽芜湖人。据记载，朱彝从小随舅舅学画，17 岁就以作画为生，是职业画家。清人齐学裘在《见闻续笔》的《朱小尊》一文中有这样一段记载："离侍王府一箭之地，忽执令刀贼问彝在'妖'里所做何事，彝云：绘画营生。贼闻大喜。"（见图 4-85）"妖"便是清王朝，由此可见，朱彝也为达官贵人画画，其可能学习或者至少是见过宋、元、明、清的名家作品，包括一些浙派大家之力作。随着后期文人画对于文人身份界定的逐渐淡化，游弋于清王朝官场作画的朱彝被顺理成章地归为太平天国的文人画士。

此外，泥匠陈声远也参与了侍王府壁画绘制。陈声远，号松涛，东阳县上陈人，人称天工神斧。其从小酷爱画画，擅长在民居的墙头、护封檐下绘制山水、人物、吉祥图案。据其徒弟说，陈声远曾参加过侍王府建筑的施工。其留存的壁画粉本中有一幅《双狮图》，用笔和侍王府壁画《太狮少狮图》相似，其粗放刚健的用线、用笔犹如金华古建筑上的精美雕刻。[1]

专家多次调研侍王府壁画，分析其壁画结构较为简单：绘画前在空心花砖

---

[1] 朱颖. 清末江南古建筑壁画艺术研究——以金华侍王府壁画艺术特征为例 [J]. 南方文物，2017（4）：291-296.

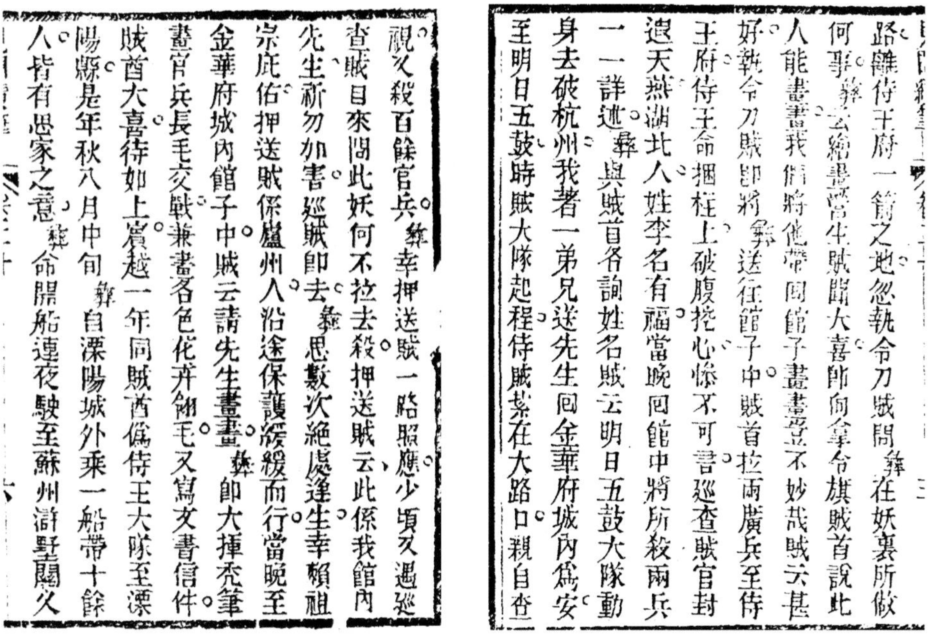
路離侍王府一箭之地忽執令刀賊問彝在妖裏所做何事彝云繪畫營生賊聞大喜即向拿令旗賊首說此人能畫畫我們將他帶回館子畫畫豈不妙哉賊云甚好執令刀賊即將彝送往館子中賊首拉兩廣兵至侍王府侍王命捆柱上破腹挖心慘不可言巡查賊官封退天燕湖北人姓李名有福當晚回館中將所殺兩兵一一詳述彝與賊首各詢姓名賊云明日五鼓大隊動身去破杭州我著一弟兄送先生回金華府城內爲安至明日五鼓時賊大隊起程侍賊紮在大路口親自查

視又殺百餘官兵彝幸押送賊一路照應少頃又遇巡查賊目來問此妖何不拉去殺押送賊云此係我館內先生祈勿加害巡賊即去彝思數次絕處逢生幸賴祖宗庇佑押送賊係廬州人沿途保護緩緩而行當晚至金華府城內館子中賊云請先生畫畫彝即大揮禿筆畫官兵長毛交戰兼畫各色花卉翎毛又寫文書信件賊首大喜待如上賓越一年同賊酋僞侍王大隊至溧陽縣是年秋八月中旬彝自溧陽城外乘一船帶十餘人皆有思家之意彝命開船連夜駛至蘇州滸墅關又

图 4-85　《见闻续笔》清刻本

墙体上直接涂抹纯白灰层（普遍厚度为 1—2 毫米）[1]，后在白灰层上直接起稿绘制，所用颜料以黑、白、红、绿色为主，运用以动物的骨头等胶脂部分熬制而成的骨胶（见图 4-86）调制绘制，属于南方典型的淡彩水墨画，颜料层极薄。

在彩绘步骤上，一般先用墨笔勾勒，然后再填各种颜色。在技法上，主要采用以赭石为主的淡彩形式，浅绛色调，素雅清淡，透彻明快。在色调上以统一的暖色调为主，不打乱淡彩设色基调的统一。侍王府壁画与以往沥粉贴金、色彩丰富的壁画不同，用色大多较为简单，颜料以墨色、白色等为主，

[1]　朱颖. 浅议太平天国侍王府壁画《四季捕鱼图》的艺术特点 [N]. 美术报，2012-07-07（14）.

图 4-86　骨胶

颜料涂层极薄。勾绘人物时只采用粗细线条勾勒，再辅以简单细微的晕染，石头、树木等多采用赭石、石绿、石青颜料进行点染，还有部分壁画甚至不加渲染，直接采用墨色勾勒，犹如白描，属于典型南方水墨画，形成了整体设色清雅的浅绛设色风格。

　　学者朱颖从客观因素上分析，由于受当时交通条件的限制，稀有颜料不太容易流传至江南，即使有也因价格高昂而不能被广泛使用。此外，太平天国追求人人平等的理想境界，使得描金绘银这种历代多为达官贵族所用的传统壁画理念不再流行，转而推崇用江南民间常用的颜料来作画。同时，有些壁画作品色彩明丽，使用纯度较高的矿物质颜料涂抹在宽阔的墙面上，再加上太平天国时期特有的壁画形象，重彩壁画在太平天国时期壁画中占据一半以上的比例。人民大众喜欢亮丽明艳，这种亮丽的设色风格成为壁画艺术的主色调被推广开来，很大程度上满足了太平天国统治者对于艺术审美的基本需求。这种鲜艳华贵的绘画风格深得统治阶层喜爱，但由于对主流艺术风格的崇拜，知识水平本就有限的统治者也想极力向贵族阶层靠拢，于是在结合了文人画风的同时，一种兼顾重彩壁画和文人画风格的全新风格的壁画由此诞生。这种取材自民俗和传统绘画，仿照文人画的构图方式，杂糅壁画和文人画的设色风格的太平天国式壁画，成为壁画发展史上的独特产物。

照壁是中国传统建筑中独具特色的建筑小品。它的形式比较特殊，是一面独立的墙体，常设置在建筑的入口内外。从西周时期开始，便有大量关于照壁的史书、画卷记载。我们从诸多文物著作中得知，照壁在唐、宋、元三个朝代开始盛行。在繁盛的明、清时期，照壁更是流行于民间，也有不少遗迹保留至今。照壁可用于宫殿、寺庙、园林、祠堂、住宅等各类建筑中，既具有遮挡视线和挡风的功能，又起到了观瞻和调节空间的作用。经历改朝换代，照壁的名称也随之而变，又称萧墙、屏、影壁、塞门，名称中暗含照壁不同时代的传统文化和内涵。

侍王府照壁同样具有遮挡视线和防风的功能，又起到了观瞻和调节空间的作用。照壁采用灰塑（又名堆灰）的工艺，亦称灰雕、灰批，由砖雕和泥塑两种工艺派生，是传统古建筑特有的室外装饰艺术（见图4-87）。灰塑工艺历史悠久，早在唐代就已经存在，以明、清两代最为盛行，源于泥塑，为了防雨而将泥塑改为灰塑。传统古建筑中，祠堂、庙宇、寺观及邸宅用之最多。灰塑是古建工艺技术中较为复杂、难度较大、文化内涵较为深刻的一门工艺，具有深厚的文化底蕴。作为一种堆叠雕刻手法，它具有与传统雕刻技艺同样的表现效果。

侍王府照壁南、北两面灰塑的制作工艺是完全不同的。南面灰塑制作采用了典型的灰膏法制作，使用的材料主要有以下几种。

（1）骨架：竹钉、麻绳。

（2）灰膏，主要为纸筋灰：首先，将草纸浸水搅碎，制成纸筋。接着，将生石灰制成泼灰，经浸泡后制成石灰膏。搅拌均匀，密封 20 天左右。取用时应拌合充分，以使之细腻柔滑，具有较好的黏性。

（3）颜料：以黑、蓝、绿、白为基色调，主要为矿物颜料。

浙江地区古建筑灰塑工艺的制作流程一般分为题材设计、基层处理、测量定位、布置骨架、批灰塑形、上色、养护等七道工序。侍王府照壁南面灰塑的主要题材为龙、凤、仙鹤，并配以卷草纹等。

灰塑制作方法借鉴了典型的陶塑制作方法，即借助于一定工具先对黏土进行造型创作，等物品阴干以后再入窑烧制成型，并在其表面进行彩绘。灰

图 4-87　灰塑工艺过程

塑用的泥坯是取材于当地，经过专门揉制的黏土，黏土中尽量不带气孔，通常泥坯中带一些沙。泥坯要保持一定的湿度，过干、过湿都对灰塑不利。用于灰塑的工具比较简单，主要是刀、刷子和粗细长短不一的竹（木）枝及木模。刀和竹（木）枝主要用来塑形和在泥坯上画线，刷子用于刷去泥屑。另外，有时会用一些小木杆作为复杂灰塑泥坯的连接定形构件。木模用于较大和复杂的物体造型。

北面灰塑基本为实心，泥坯之间的黏接借助泥浆来完成，先把灰塑物体如狮子、老虎、梅花鹿、凤凰、花卉等的各部分做好，阴干待用，当其达到七成干时，就可以黏接了。黏接的时候需要十分仔细，使得黏接处没有接痕。等整个坯表面发白，基本上就阴干了，便可入窑烧制。坯体在烧制时通常放在窑的中上部，以保证温度。这样烧制的灰塑就是一个完整的整体，有很好的密实度和强度。灰塑烧制成型后就可以安装了。由于灰塑造型是一个整体，重量较大，因而安装时要在照壁墙体或额枋等相应部位预留铁制预埋件，预埋件根部固定在照壁基层里，端部和灰塑物体连接，这样就能将灰塑牢固地固定住，历经风吹雨打也不会脱落。灰塑安装完成之后，在其表面涂刷一层薄灰浆，然后对其进行彩绘。颜色主要为橘、黄、红、绿、黑、白等，使得灰塑的色彩更为丰富，层次感更强。

侍王府木雕、石雕、砖雕，三艺齐备，三雕并美。三雕（木雕、石雕、砖雕）艺术是中国传统建筑中细部装饰的形式，往往具有精练的艺术造型、浓缩的空间布局、精彩的人文题材，经过历代的积累已形成了具有象征性与意象化的程式化造型，由此来反映历史故事、表达思想感情、传达特定的文化情境，从再现到表现，已形成特有的工艺模式，千百年来散发着浓浓的艺术与人文魅力。

中国四大木雕之首、浙江三雕之一的东阳木雕由樟木或椴木经由斧凿打底、打坯、修光而成。黄杨木雕、青田石雕注重彰显艺术性，而东阳木雕则追求实用性，并在长期实践中，呈现出繁花似锦的艺术胜境与生活意趣。其之于建筑，"无雕不成屋，有雕斯为贵"；其之于家具，"奁箱必生花，物件多纹饰"。所雕镂的图案，纹必有意，意必吉祥。东阳木雕源于唐代，因产地东阳而得名。其以平面浮雕为主，兼有镂空雕、圆雕、透空双面雕等类型，施艺范围更加全面宽泛，有鬼斧神工的美誉。东阳木雕发展至今已有七大门类，3600多个品种。东阳木雕历史悠久，品类丰富，题材广泛，技艺精湛，蜚声海内外，极具实用价值、艺术价值、收藏价值，被严济慈先生誉为国之瑰宝。

砖雕在中国的历史悠久，源自古典建筑中的砖瓦作。我国传统建筑艺术自古就有"秦砖汉瓦"的说法（见图4-88）。砖瓦烧作的工艺早在西周就有了。战国时代，随着铁器的使用和木模加工技术的进步，许多建筑已大量使用青砖、城砖等。在汉代，砖雕技术得到了广泛的应用，成为建筑装饰和城墙构建的主要方式。宋代是我国砖雕装饰艺术发展的第一个高峰，砖仿木结构样式已经高度成熟。北宋时，北方辽金地区出现了大量砖仿木墓穴，其砖雕规模大，工艺手法成熟，砖雕题材丰富，体现了北方游牧民族独特的审美情趣（见图4-89）。清代中期以来，无论在佛教建筑还是民居建筑中，砖雕均呈现繁缛化倾向。[1]侍王府的砖雕选材为质地均匀、无砂眼、表面光滑平整无裂纹的土方砖。利用平铲、弧铲、锤子、凿子、錾子等工具，先根据需要构思画面、主旨，再构图并绘制成图，再将选好的砖料，按画面大小需要进行切割。切割为合适尺寸后，将绘制好的图样用铅笔画于砖上，使用雕刀对画面主干进行粗雕，细节部分则根据实际情况随刻、随画、随雕。侍王府砖雕具有坚硬、耐磨、防腐、持久耐用等特点，为研究古代雕刻艺术提供了宝贵的实物参照（见图4-90—图4-95）。

---

[1] 王劲韬. 论传统民居的砖雕艺术 [J]. 装饰，2006（2）：26-27.

图 4-88　汉代陶白虎纹瓦当（上）
图 4-89　山西省运城市垣曲县发现
的金代仿木构砖室结构墓葬（下）

图 4-90　照壁砖雕（双狮抢球）（上）

图 4-91　照壁砖雕（将军出巡）

左侧和右侧细节（中、下）

图 4-92　照壁砖雕（群麟与群鹿）

注：上为群麟，下为群鹿。

图 4-93　西院大门东墙上封护檐下的双龙戏珠（上）

图 4-94　西院大门东墙上封护檐下的荷塘戏水（中）

图 4-95　西院大门东墙上封护檐下的山水人物（下）

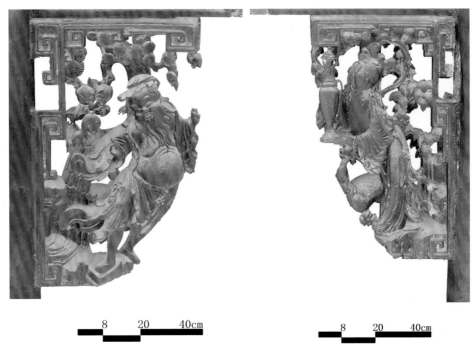

图 4-96　牛腿（东方朔偷桃）（左）

图 4-97　牛腿（麻姑献寿）（右）

侍王府木雕精细，风采尚存，历经风雨依然具有强烈的吸引力。太平天国侍王府大厅明间的两个牛腿所雕刻的是东方朔偷桃（见图 4-96）与麻姑献寿（见图 4-97）两个故事。[1]

东方朔是中国传统文化的寿星，他偷桃的故事不仅是卷轴画中常见的题材（见图 4-98），还被应用于木雕装饰之中。史料载，东方朔是汉朝厌次人，字曼倩，诙谐滑稽，能言善辩。武帝时待诏金马门，常以讽刺劝谏武帝的过失，传为忠臣。武帝生日时，一只黑鸟落到殿前，帝问东方朔这是什么鸟。东方朔

---

[1]　张伟孝. 明清江浙地区木雕装饰纹样 [M]. 青岛：中国海洋大学出版社，2020.

图 4-98　《东方朔偷桃图》

说："这是西王母养的青鸾，王母要来祝贺帝万寿。"不久，王母捧来装有七个桃子的玉盘见帝。东方朔自己收了两个，五个献给了武帝。武帝命侍臣种其种子，王母阻拦说："这桃的枝叶能遮蔽三千里，三千年一开花，三千年一结果，不可种到下界。"王母又指着东方朔说："我的桃熟了三次，每次他都偷，是个坏小子。"如果细算一下，东方朔至少活了一万八千岁，因而此事寓意为颂祝长寿。[1]后世帝王寿辰也常用东方朔偷桃作为庆典图案。

[1]　月生.中国祥瑞象征图说 [M]. 王仲涛，译.北京：人民美术出版社，2004：209.

麻姑是十六国后赵将军麻秋之女。麻姑为百姓而得罪父亲，逃入山中。其父放火烧山欲置麻姑于死地，正巧王母路经此地，急忙降下大雨，将火熄灭。王母了解事情始末后，对麻姑爱民之心大加赞赏，收其为徒。麻姑修炼的山中有泓清泉，麻姑就用此泉之水酿造灵芝酒。13年后，酒乃成，麻姑也修道成仙。正值王母寿辰，麻姑就带着灵芝酒前往瑶台为王母祝寿。《麻姑献寿图》（见图4-99）常用于祈福祝寿。

图4-99　《麻姑献寿图》

除了东方朔偷桃、麻姑献寿之外，侍王府牛腿造型还有太白醉酒（见图4-100）、东坡玩砚（见图4-101）、羲之戏鹅（见图4-102）等。

历史上关于太白醉酒的典故有多个版本。一说是李白入都应试，因不肯贿赂主试官杨国忠及高力士，被强推出场。后曾有黑蛮国以蛮文上表唐玄宗，满朝没有认识蛮文的。贺知章推荐李白，李白宣读蛮书，一字不差。玄宗很高兴，赐酒并允许其"开怀畅饮，休拘礼法"。李白酒醉，又奉命草诏，以宣国威。李白借酒请旨命杨国忠磨墨、高力士为其脱靴，以泄被屈抑之愤（见图4-103）。在中国传统的木雕艺术中，人物雕刻并不容易，不但要现其形，还要得其神。侍王府的木雕太白醉酒，人物呈斜姿状，仅寥寥几笔，但细细品味，其中人物仿佛酒酣沉梦，又如低首吟诗，诗仙李白借酒抒怀、性情孤傲的特质以及潇洒不羁的性格被表现得淋漓尽致。

苏东坡爱砚、玩砚，历来是艺术家喜欢的经典东坡故事画题材。苏东坡性情真率，刚直不阿，屡屡受贬，一生九迁，最后被发配海南蛮荒之地。早在苏东坡十二岁时，就在玩耍时获得一块绿色砚材，并由其父苏洵制成砚台供他使用。成年后作为文坛名宿，苏东坡更是爱砚成癖，其以剑换砚、以砚殉葬的故事流传世间，成为千古佳话。

羲之爱鹅的典故出自《晋书·王羲之传》，其记载了王羲之因喜爱山阴道士所养之鹅，为之写《道德经》而换取鹅群的故事。王羲之对鹅情有独钟：一说因鹅曲颈优雅，王羲之从中体会了书法用笔的婉转流利；一说通过观察鹅掌行水之姿势，王羲之领悟了运笔、执笔的方法。后世艺术家们多演绎这一题材，不仅是对书坛趣事的纪念，更是对王羲之以墨宝换鹅群这一段逸闻所表现出的其对艺事的纯粹追求与高逸心境的推崇。侍王府的羲之戏鹅雕刻构思别出心裁，栩栩如生，巧妙地体现出王羲之名士的风度与身份。

石雕艺术不同于砖雕、木雕，石雕艺术强调对形神、虚实、意境、情理

图 4-100　牛腿（太白醉酒）（上）

图 4-101　牛腿（东坡玩砚）（中）

图 4-102　牛腿（羲之戏鹅）（下）

图 4-103 　《太白醉酒图》

的把握和领悟。石雕起源于原始社会劳动工具的制造，是人类最早的造型实践之一。先秦时，石雕脱离了作为纯实用的生产工具的限制，始有石雕装饰品的出现。秦汉时出现的陵墓纪功性石雕，代表着中国传统石雕艺术的首个高峰。魏晋南北朝时，开始出现宗教雕塑，与陵墓祭奠雕塑并驾齐驱。隋唐时，宗教、陵墓雕塑共放异彩，成为中国石雕艺术的又一高峰。五代两宋时，雕塑与绘画艺术的完全脱离，是雕刻走向严整、精细的先声。关于石雕工艺，首先是根据石料的品种、色泽、纹理进行选择，通过初步筛选，再根据石料

图 4-104　团龙石雕

的形状和纹理、色彩定制需要的题材，在石材上画出雕刻的部位，进行初步
的勾勒，然后还需要经过修光、打磨等多种工艺来进行石雕的装饰。因所用
石材精贵，为避免雕刻失误造成无谓的损失，在雕刻之前须先用泥制作一个
替代品，待泥坯雕刻完成确认无误后再在石材上雕刻，细雕后再打磨。侍王
府的石雕所选石料无杂色，平整光洁，纹理顺畅。照壁正中石雕团龙雕工精
致，简练而不粗陋，概括而不单调，浑厚而不生硬，含蓄而不肤浅，各种形
象浑然天成、厚实灵动（见图 4-104）。

## 第三节  数字赋彩

数字技术在文化遗产领域的应用已从最初的信息储存和传输，发展到数据处理分析，进而进化到今天的自动化和智能化处理与展示，在文化遗产研究、记录、保护、利用等方面起到了至关重要的作用。[1]历史遗迹常因自然或人为因素损坏或损毁，数字化工作对于文化遗产保护与传承起到了巨大作用，除能延长其"生命周期"外，还能助力保护与研究工作，令更多受众"看"到昔日的文化遗产。

侍王府作为全国重点文物保护单位，由于自然环境因素的长期作用及人为活动的影响，整体建筑群受损严重，科学的保护修缮工作从未间断（见图4-105）。侍王府修缮工程按照传统格局、肌理、材质、做法，合理利用景观，坚持走可持续发展道路，使文物建筑重获生命力。目前，在充分保护和尊重侍王府文物本体的前提下，结合室内展示和部分室外展示，坚持科学、适度、持续、合理的利用，建成太平天国侍王府纪念馆，从而有效保护文物，适度增强吸引力，使之在保护中得以可持续发展。

---

[1]  刁常宇，刘建国，邓非，等 . 笔谈：数字化为文明赋彩——文物和文化遗产数字技术应用现状与实践路径 [J]. 中国文化遗产，2024（2）:4-22.

图 4-105　1994 年专家胡继高考察侍王府壁画

　　侍王府于 20 世纪 60 年代初便开始积极落实"四有工作"。1982 年，随着《文物保护法》的颁布实施，文物保护单位"四有档案"建设作为各级政府的责任和任务第一次以法律的形式明确下来。具体内容是指《文物保护法》第十五条规定的"各级文物保护单位，分别由省、自治区、直辖市人民政府和市、县级人民政府划定必要的保护范围，做出标志说明，建立记录档案，并区别情况分别设置专门机构或者专人负责管理"。

　　随着数字化时代到来，侍王府的"四有工作"与时俱进，同步划定保护范围；加速记录档案的数字化、同质化、社会化、遗产化，详细建立文物档案，重视原始资料的收集，把对工作中原始记录、工作方案的积累、收集、整理、归档视为文物工作的重要组成部分；利用三维扫描、高精度建模等数字手段对侍王府进行整体测绘，对其所有建筑、附属文物及馆藏文物进行数字化采集，形成二维和三维不同精度的文物信息资源；梳理侍王府现有文物档案及相关资料，完善更新侍王府"四有档案"，升级文物档案资源管理系统。同时，对侍王府进行整体数字化调查记录，开发侍王府"720 云游"小程序和微信电子书等。让文物档案同文物一样得到有效管理、妥善保护，才能使文物的历史价值、科学价值和艺术价值得到保存和体现。

太平天国侍王府纪念馆"四有档案"曾通过标准化纸质档案进行管理，由于文物的复杂性和特殊性，其中有一些档案很难采用数字化形式来保存。因此，即使未来的文物档案实现了数字化管理，标准化的纸质档案也依然是必备的文本。不管是何种形式的档案，在修复方面均是重要的依据，并助力学术研究。

2010 年，浙江大学依托多学科交叉优势，成立文化遗产研究院，以文化遗产研究与保护为宗旨。经过数十年的艰苦实践和研究，文物数字化方向已成为浙江大学文化遗产研究院的核心学科方向，也是浙江大学"新文科"典型代表之一。多年来，浙江大学文物数字化团队以抢救性研究、记录、保护、利用为第一要务，秉承精准数字化和严谨考古相结合的发展思路，以面向文物保护、研究与利用的文物数字化技术为重点发展方向，致力于为中国文化遗产建立矿藏级别的数字档案，为传承中华文明信息和中国研究提供扎实的基础资料。

浙江大学文物数字化团队在项目实践中综合应用各种技术探索文物数字化之路，针对文物特点升级一系列具有国家自主知识产权的软硬件，进行研发设计与工程设备制造，制定、完善一系列具有普遍推广价值的经验模式，为中国文物数字化事业政策制定、标准建设、人才培养努力贡献系统化的理念、方法和较为成熟的解决方案，在中国的文物高保真数字化保护领域取得了引人瞩目的进展，在数字时代为我国的文物保护、利用和传承工作做出了应有的贡献。

对于侍王府的数字化采集工作，浙江大学文物数字化团队进行了详细的文物调研与整理，对现有档案进行了全面的整理和补充，形成了全新的文物资源库。在此基础上，建立资源管理系统，对文物数据进行规范管理，该系统包括文物数据存储、搜索、展示等功能。团队对侍王府整体13栋建筑、10个院落开展了数字化保护工作，通过文物摄影测量、文物三维扫描与建模、高清图版拍摄等形式进行文物数据采集（见图4-106），并对采集成果进行后期加工、拼接处理，形成了可利用的不同格式和精度的版本。此外，团队对侍王府约50件附属文物及馆藏文物进行了数字化采集及三维重建，形成了可利用的不同格式和精度的数字资源。团队拍摄了侍王府重要建筑从局部到整体的图版照片，包括周边环境、建筑整体、营造细节、遗迹、残损、彩绘题记等附属文物、文物病虫害等，以满足研究、取样、文物细节观察、文物图片出版等需求。团队梳理分析了侍王府历次保护修缮项目，于测绘过程中在实测图上对文物本体中大木构架（柱、梁、檩、枋、斗栱等）修缮部分及更换的构件进行标注，并形成调查报告。

中华文明源远流长，散落于全国各地的众多古建筑不仅是时代审美观和建筑理念的体现，更是中国历史和文化发展的见证。如今，数字化技术在古建筑保护中的应用逐渐成熟：为巧夺天工的斗栱榫卯建模、用光学扫描技术减少测绘时对梁木彩绘的破坏、通过电子数据发现古人设计佛像雕塑与建筑比例的巧思……通过信息采集进行学术研究，可实现多维信息的有效记录和永久留存，将历史建筑的整体风貌、内部结构特征、属性等数据进行多维集成，并结合VR（虚拟现实）技术、AR（增强现实）技术等供大众体验。数字化技术让古建筑得到了更先进的保护，让更多人得以领略中国建筑之美。

图 4-106　浙江大学文物数字化团队在太平天国侍王府纪念馆工作现场